BUDONGTU ZAIPEI JISHU

不动土栽培技术

余水静　著

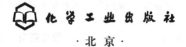

化学工业出版社

·北京·

图书在版编目（CIP）数据

不动土栽培技术 / 余水静著．—北京：化学工业
出版社，2025.6（2025.11 重印）．— ISBN 978-7-122-47833-7

Ⅰ．S31

中国国家版本馆 CIP 数据核字第 20250BT399 号

责任编辑：邵桂林　　　　文字编辑：李　雪
责任校对：李雨晴　　　　装帧设计：韩　飞

出版发行　化学工业出版社
　　　　　（北京市东城区青年湖南街 13 号　邮政编码 100011）
印　　　装　北京科印技术咨询服务有限公司数码印刷分部
850mm×1168mm　1/32　印张 9¼　字数 169 千字
2025 年 11 月北京第 1 版第 2 次印刷

购书咨询：010-64518888　　　售后服务：010-64518899
网　　址：http://www.cip.com.cn
凡购买本书，如有缺损质量问题，本社销售中心负责调换。

定　　价：49.80 元　　　　　　版权所有　违者必究

前 言

　　长期以来，由于不合理的用肥理念和管理模式，种植土壤质量逐渐下降，出现了土壤养分失衡、土壤板结、土壤酸化与次生盐渍化、连作障碍等问题，导致作物生长不健康。作物施肥与土壤生态的矛盾问题，不仅困扰着种植者，也让大多数科研工作者找不到解决的方向。

　　不动土栽培技术，是农业种植模式全新领域的开启，是顺应时代的产物。

　　不动土技术体系的核心是微生物，其主线自始至终贯穿着微生物。通过创造适合微生物生长的营养条件、环境条件，使堆肥发酵、水肥发酵、土壤培菌等过程中的微生物快速生长、繁殖，最终让微生物动土、松土，修复土壤生态。

　　在不动土五大核心技术的应用中，"有机肥＋绿肥＋液体菌肥"技术是改土神器；"无机＋有机＋微生物"用肥技术是省肥神器；不动土栽培技术可真正实现生态种植，减肥增效、省钱省工、提质增量，很好地解决了作物施肥与土壤生态的矛盾问题。

　　希望本书的出版，可以给读者分享本人多年来从事种植土壤微生物生态修复方面的心得感悟，为在土壤生态问题上存在困扰的广大种植者指引方向；同时，也可满足我国微生物资源开发利用的要求，助力于培养生物技术与工程、环境工程的科技型、技能型和应用型人才。

本书得到了江西理工大学校级研究生教材建设项目的资助，适合作为研究生、本科生教材使用；同时，也是种植技术人员、农技推广人员、果农、菜农等的良好参考读物。

由于编写时间仓促，加之能力和水平有限，书中难免有疏漏之处，敬请各位专家、同行批评指正。

生命不息，学习不止！

余水静

2025 年 3 月 18 日

目 录

第一章
不动土技术原理

第一节　不动土技术基础理论

一、不动土技术概念

传统施肥习惯动土、松土、施有机肥，否则就会认为土壤不肥沃或者肥力不足（图1-1）。这种传统认知延续了很多年。传统施肥如靠人工松土、机械翻土、开沟施有机肥等方式能使土壤疏松透气，进而增强土壤的供肥能力，以此保证果树的营养需求。但是，随着规模化种植、科学技术的进步以及学科交叉的快速发展，不动土栽培的技术体系逐渐进入公众视野。

不动土技术是指不靠人工翻动土壤，而靠微生物动土、松土的技术，该技术通过微生物在土壤中生长、繁殖、代谢，产生代谢物；同时，通过土壤中有机质以及矿

(a)   (b)

图 1-1　种植户动土、松土（a）、施有机肥（b）

质元素等营养条件的配合，逐渐形成土壤团粒结构，使土壤变得疏松透气，保水保肥，解决土壤水和气的矛盾，从根本上解决松土的问题。

　　在果园里或者耕作田地里，如果人工进行松土、挖土或者通过旋耕机碎土、松土，在土壤疏松以后，可能经历一场大雨或者人工灌溉，土壤又会发生板结。所以，人工松土、机械松土这些方式，无法解决土壤疏松的根本问题。而在一些土壤情况较好的果园或者菜园里，下雨之后土壤可能会更疏松，踩上去如同海绵一样松软，这种松土实际上主要是通过微生物来实现的，其通过构建团粒结构，使土壤变得疏松透气（图 1-2）。所以，整个不动土技术主线是围绕微生物进行的，而如何解决微生物在土壤中的生存问题，则是不动土技术体系的核心。

图 1-2　微生物通过构建团粒结构疏松土壤

二、土壤有机质的来源

　　土壤有机质可以为微生物提供营养。通过有机质的补充，结合土壤中的其他营养元素，土壤养分就可以快速地进行物质循环，土壤就会快速肥沃起来，这是改良土壤的一个思路。有机质是在改良土壤过程中，成本花费最高的。那么有机质从哪里来？如何能获得经济实惠的有机质？

按照传统自然的方式，土壤中丰富的有机质形成需要很长时间，甚至需要 100～200 年，如东北黑土地或长期耕作并维护的果园土壤。作物生长需要丰富的有机质，规模化种植若只依赖自然累积丰富的有机质是无法实现的，所以人为地添加有机质非常有必要。

补充土壤里面的有机质主要有以下两种方式：第一种是补充有机肥。可以自己堆肥、购买成品有机肥或者浇灌液体有机肥。购买的有机肥，本质也是堆肥的一种，即通过动物粪便、植物源等一些原料进行搭配，堆肥发酵完成后，埋施到土壤中补充有机质（图 1-3）。第二种是种植绿肥。绿肥通过光合作用和固氮作用，将空气中的二氧化碳和氮气"抓"下来，补充土壤有机质和有机氮。例如肥田

图 1-3　种植户堆肥发酵制造有机肥

萝卜，可以将空气中的二氧化碳通过光合作用转化为有机质，输送到土壤中（图1-4）。

图1-4 通过种植绿肥、埋施有机肥补充土壤有机质

上述两种补充土壤有机质的方式也是不动土栽培技术重点补充有机质的方式。其中，对于果园种植户来说，种植绿肥成本最低（图1-5），因此本书后续会重点介绍绿肥种植技术，可低成本、快速提高土壤有机质的含量。

图1-5 绿肥种植技术可低成本快速提高土壤有机质的含量

三、土壤微生物是关键

土壤除了有机质外，最关键的就是微生物。微生物主要有两种来源：第一种是市场采购。如有的果园园主会购买菌剂或生物有机肥、微生物肥料等，这些都是通过市场获得。第二种是果园自制培养微生物。购买的菌种需要通过枯饼水肥发酵等方式繁殖，以获得大量的微生物（图1-6）。所以，微生物的来源和数量要有保证，不能等土壤自身的"土著菌"，一定要人为地补充功能性微生物，再配合补充有机质来达到松土的目的。

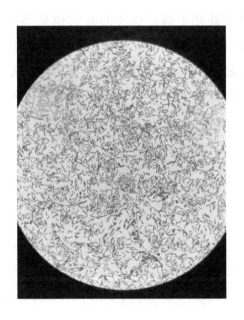

图1-6　显微镜观察芽孢杆菌形态

微生物是怎样生长繁殖的？怎样创造条件让微生物在土壤中存活下来，并让其进行松土？这就需要了解微生物的营养条件、环境条件以及微生物自身功能等方面的知识。

（1）微生物的营养条件 微生物的五大营养要素为碳源、氮源、无机盐、生长因子和水。类比一下，就如同人类需要配营养餐食用。配营养餐最主要的是碳和氮，也就是荤素搭配，再加上适量的无机盐，一些生长因子和必需的水，实际上则是给肠道微生物"配营养餐"，提供营养条件，而人体肠道主要吸收肠道微生物的代谢产物，所以人类和微生物的营养是相通的，包括动物和一些植物的营养也是相通的，可见营养搭配非常重要。

（2）微生物的环境条件 影响微生物生长的环境因素很多，主要有 pH、氧气、温度等。有些微生物也需要氧气进行呼吸，如同人类需要氧气。有些好氧微生物更是如此，没有氧气则存活不佳，甚至会死亡，区别是部分微生物会休眠。温度对微生物的影响也是巨大的，如果温度过高微生物就会死亡。

（3）微生物的功能 在农业应用领域，微生物主要有解蛋白、解纤维、解磷、解钾等基础功能以及生防、促根等功能。由于其有利于作物营养吸收及作物健康，因此这些微生物又被称为植物促生菌或农业益生菌，这些有益于植物生长的菌，统称为功能菌。

四、不动土技术的四个理念

不动土技术贯彻了四个理念，主要如下：

① 不动土技术依赖微生物解决松土的根本问题。整个不动土技术体系的核心都是围绕微生物来进行的，接下来的内容、操作等也都是围绕微生物来进行，只要把这个核心点抓住，理解不动土技术就会非常容易。

② 不动土技术是有条件的，不是绝对的。前期果园开园、培养小树时，根据实际情况是需要动土的。例如新开的果园，或者土壤有机质达不到能够种出绿肥的条件，就需要通过人工动土、机械动土、施有机肥等方式启动土壤有机质的补充和修复工作。但是动土不是根本目的，仅靠物理松土无法达到持续稳定疏松透气的效果。

③ 不动土技术是修复土壤生态的技术。土壤四大肥力因素（水、肥、气、热）是通过微生物结合在一起的。

④ 不动土技术解决了土壤营养转化问题。土壤中很多养分植物无法通过根系直接吸收，需要靠微生物将养分大分子分解成为小分子才能被根系直接吸收。

以上四个理念贯彻全书，所以也可将不动土技术体系称为微生物生态种植技术体系或微生物种植法。

第二节　不动土技术体系构成

一、五大核心技术

"不动土栽培技术体系"包含五大核心技术,即冬肥和绿肥种植技术、液体有机菌肥发酵技术、压青和绿肥原位发酵技术、"无机＋有机＋微生物"平衡施肥技术和碳氮比综合调控技术。

1. 冬肥和绿肥种植技术

① 冬肥技术,也被称为堆肥技术、固态养菌技术。在堆肥过程中,将功能菌培养出来是堆肥技术的核心。所以堆肥技术是养菌技术,不是人们简单理解的堆肥,其目标是让有机肥快速腐熟的同时,将功能菌也培养出来。想要使得有机物料快速腐熟,需要创造适宜功能菌生长的营养条件和环境条件,如果明白功能菌需要什么营养条件,就可以算出配方;如果明白功能菌需要什么环境条件,就可以调控堆肥发酵工艺。

② 绿肥种植技术,本书指的绿肥主要包括碳源绿肥(即碳氮比≥25的绿肥)、氮源绿肥(即碳氮比≤25的绿肥)两大类,这些绿肥都能为微生物提供营养,总体也叫

固态养菌技术。绿肥种植的重要性甚至要超过堆肥技术，因为绿肥是通过实现"以小肥换大肥"补充土壤有机质，成本非常低。绿肥的优势在于固碳、部分可以固氮。固碳绿肥可以把空气中的碳"抓"到土壤里面，固氮绿肥可以把空气中的碳和氮同时"抓"到土壤里面。碳和氮这两个元素，按这种模式来说是免费的，因为是通过光合作用和固氮作用转换来的。尤其是氮，通常比较昂贵，例如枯饼约4000元一吨，它的有机氮含量为6%～7%。而绿肥通过"抓"空气中免费的氮转换成有机氮，只需花费种子费和少量的人工费，成本极低。

绿肥种植品种推荐两种：一种是毛叶苕子或紫花苕子，另一种是肥田萝卜。苕子是固氮的绿肥，可把空气中的氮和二氧化碳"抓"下来；肥田萝卜是固碳的绿肥，可把空气中的二氧化碳"抓"下来。因此苕子是固碳、固氮同时进行的；而肥田萝卜没有固氮功能，只能固碳。

2. 液体有机菌肥发酵技术

液体有机菌肥发酵技术也叫枯饼水肥好氧发酵技术，其是液态养菌技术，包括发酵原料的选择、发酵配方、功能菌组合、发酵工艺调控等。液体有机菌肥发酵技术的核心是在液体中培养大量微生物，同时将枯饼蛋白质大分子分解为作物可直接吸收的水溶性有机小分子。这也是整个不动土技术体系功能菌的来源。

液体有机菌肥有三个主要特点：

① 含有大量的水溶性小分子养分。枯饼（花生枯、菜枯、豆粕等）蛋白可被功能菌分解成多肽、氨基酸等，有机质可被功能菌分解成一些小分子酸如柠檬酸、乳酸等。这些均容易被作物根系直接吸收。

② 含有适量的无机养分。有一点需要注意，实操过程中人们不希望它出现无机养分，有机养分变成无机养分对于作肥料来说是最大的浪费，所以发酵千万不能过度。无机养分可以直接去买价格低廉的化学元素，比如铵态氮、硝态氮。但不要让有机养分变成这种无机养分，要让它停留在小分子的有机养分这个阶段。其间肯定会有少量的无机养分出现，这是无法避免的。

③ 数量充足的功能微生物。这是最重要的一个特点。微生物是整个不动土技术体系效果的保证，所以要获得数量充足的功能菌。枯饼水肥好氧发酵技术的成品原液菌含量至少要达到 100 亿/毫升以上，有的还可能达到 1000 亿/毫升。

3. 压青和绿肥原位发酵技术

（1）压青 指种植的绿肥自然死亡及刈割后直接覆盖或深埋于果园土壤中这两种处理方式。不动土技术的压青有两个时间点：①2～3 月。对果园里果树树盘范围内的绿肥进行刈割；②5～6 月。果园里果树树盘范围外的所有绿肥自然死亡或进行刈割。

（2）绿肥原位发酵技术 也叫土壤养菌技术。只要涉及发酵，一定是跟微生物有关的。想知道怎样去发酵，就要知道怎样去养菌，要明确有没有满足这个菌的营养条件和环境条件。绿肥原位发酵实际上就是把果园的所有绿肥和土壤当作堆肥。这个过程一般是在上半年完成，上半年雨水相对较多，而下半年太干旱，如果缺水则不太利于发酵。绿肥长出后，要采取以下步骤进行原位发酵处理。一般来说，在2~3月，首先处理树盘内的绿肥，因为这时需要浇水肥为果树提供养分，即清理树盘滴水线以内的绿肥，然后进行浇水肥液体有机菌肥进行原位发酵。至于树盘以外的绿肥，可以留到5~6月，让其自然死亡，然后进行浇水肥液体有机菌肥进行原位发酵。

这种处理绿肥的模式，可以使用最少的工具和劳动力，避免将整个果园清理得"光溜溜"。绿肥在长出后可以抑制杂草生长，通过整理树盘能使果园保持整洁。特别是对于一些长条状的苕子绿肥，在5~6月温度上升后，它们不耐高温或者已经到了季节末期开始自然死亡。这时，可以将它们厚厚一层覆盖在土壤上，直到7~8月达到保水保肥的目的，实现地面覆盖。

4. "无机＋有机＋微生物"平衡施肥技术

"无机＋有机＋微生物"平衡施肥技术，同时也是土壤生态维护技术。土壤生态破坏主要是人为地施用大量化学肥料等不合理的施肥模式引起的，土壤如果没有过度人为干预会自我修复，土壤生态不易被破坏。农作物种植时间过长土壤就变"坏"了，就要寻找原因，思考到底是哪里出现了问题。一般来说，都是施肥不科学引起的。想要解决这个问题，就要使用平衡施肥技术——"无机＋有机＋微生物"用肥模式，该用肥模式始终贯穿在不动土栽培技术体系中。

在"无机＋有机＋微生物"平衡施肥技术中，无机（化肥）对应的是速效，有机（氨基酸、有机酸）对应的是迟效，微生物对应的是长效。该施肥技术"三效合一"，作物表现为见效快、直接吸收、后劲足。使用该技术肥效会特别长，且不容易脱肥，直接带来的好处便是省肥。

5. 碳氮比综合调控技术

碳氮比作为一个参数，可以用来调控堆肥、绿肥、水肥等技术，所以碳氮比综合调控技术会涉及树体营养调控、堆肥技术调控、水肥发酵调控、绿肥搭配及发酵调控等。

固态养菌技术、液态养菌技术、土壤养菌技术都要人为地添加功能菌，需要把大量的功能菌注入到土壤中去，并且不断地强化，使功能菌数量上在土壤中占优势。而人为地大量补充菌，购买和使用菌剂的成本非常高，因此，必须要建立一套培养功能菌的技术体系去培养大量的功能菌，降低菌剂使用成本，人为地去补充土壤中的功能菌，保证功能菌的数量充足。液体有机菌肥发酵技术可以低成本大量繁殖功能菌，是整个技术体系的核心。冬肥、绿肥、"无机＋有机＋微生物"等涉及的功能菌，都来源于这里（图1-7）。

图1-7　不动土栽培技术体系构成

以微生物作为一条主线，把这五个技术全部串在一起，即形成了一整套的不动土技术体系。其核心是微生物，所以要先把微生物的相关知识了解透彻，才能真正地去理解不动土技术体系。

二、不动土技术优势

不动土技术优势主要体现在以下几点：

① 省人工。这是最直接的一个表现，节省人工，不用人工挖土，不用人为地施有机肥。

② 省成本。水肥、有机肥能将整个技术体系都涵盖，相当于把水肥厂、堆肥厂或者有机肥厂搬到果园去，这样在用肥的过程中就不需要计较成本、放心用肥，节省肥料成本。

③ 生态健康种植。整套技术使用下来，复合肥的使用量要减少很多。一般测算，使用化肥的量可以减少30％～50％，甚至可以减少70％。以绿肥控杂草，可以少打除草剂，减少用药成本和工作量。有机肥用量增加，复合肥用量减少，果实的口感和品质就提升了，同时相关的一些病虫害防控和修剪等方面的工作量也相应减少，形成了一套健康的生态种植模式。

④ 可持续绿色发展。土壤有机质通过上述固定的模式维护，土壤生态会越来越好。如果用上述的整套不动土栽培技术进行实践，果园土壤的有机质含量会逐年升高，使得微生物生存环境和营养条件均得到改善，植物的根系生存环境越来越好，同时也能获得比较好的一个营养环境，土壤板结问题就得到了解决。所以整个不动土栽培技术也是维护土壤生态的一套技术体系。

第二章
微生物培养技术

微生物到底怎样生长？怎样繁殖？到底需要哪些营养条件和环境条件才能使微生物生存、工作？这就是本章要了解和解决的问题。

第一节　认识微生物

一、什么是微生物

1. 微生物无处不在

对于微生物，大家可能会感觉很抽象，摸不见，看不着。那到底什么是微生物？其实微生物和我们的关系非常紧密。

微生物无处不在，在空气、食物、肠道、土壤中都存在微生物。我们无时无刻不生活在微生物的"海洋"里面。呼吸可以吸进空气中的微生物，肠道里面有微生物来帮助消化食物，皮肤表面也有微生物。动物粪便中干重的三分之一是微生物，其数量可以达到 1000 亿/克。

所以微生物就在我们周围、在体内时时刻刻起着作用。

2. 微生物定义

微生物是个体微小、结构简单、肉眼不能直接看见的微小生物。通常要用显微镜才能看清楚。科学家发现，当微生物发现一个地方有食物时，它可以通知其他微生物过来进食，菌与菌之间可以传递信号。微生物之间通过小分子物质传递信号，所以它是活的，有生命力的，有"智慧"的。

3. 如何看到微生物

那么，怎样才能看到微生物？

第一种方式是通过显微镜直接观察，通过放大倍数，就能看到微观世界。就像人们常说的，把显微镜打开，就会发现很多活的东西。

第二种方式是通过实验室平板培养，使微生物慢慢生长繁殖堆积。一个微生物可能堆积成 100 亿～10000 亿的规模，直至堆积出肉眼可见的"小点"，这种"小点"就叫作菌落。

二、常见微生物四大类群

微生物主要是原核、真核生物。

原核、真核类微生物主要分为四大类：细菌、放线菌、酵母菌、霉菌。这是人们最关注的，也是在土壤中经常存在的。还有一些病毒，但病毒大部分都是有害的，例如柑橘衰退病，就是病毒感染。此外还有柑橘黄龙病，病源是细菌感染，它是内生性、寄生在树体里面的；柑橘溃疡病也是细菌感染；柑橘砂皮病则是属于真菌感染。这些病害、病原菌的一些特点包括它的大小，都有一定的差异。而在农业应用上接触最多的是芽孢杆菌，比如枯草芽孢杆菌、地衣芽孢杆菌、解淀粉芽孢杆菌等，这些都划分在细菌类别里面。

1. 细菌

培养功能菌，重点是培养细菌这个大类，该大类生长得非常快。细菌通过简单染色以后，如枯草芽孢杆菌，通过显微镜可以看到其形态呈现杆状，像一个短短的火柴棍一样。在培养微生物时，不管是液体培养还是固体培养，如果培养的是枯草芽孢杆菌或者是芽孢杆菌整个大类，通过显微镜的观察，其形态基本上都如图 2-1 所示。

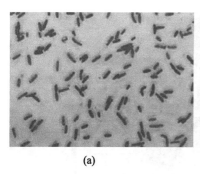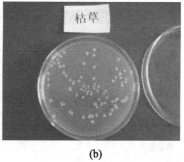

(a)　　　　　　　　　　　(b)

图 2-1　细菌：显微形态（a）与枯草芽孢杆菌培养平板（b）

2. 放线菌

有些有机肥会添加放线菌。某些功能放线菌主要功能之一就是产生抗生素，既可以杀虫也可以杀菌。其某些形态或表现有点像霉菌，会出现一些"绒毛"，但是没有像霉菌那样蓬松的菌丝。在做有机肥的过程中添加一些放线菌可以起到生物防治的作用。图 2-2 是它的菌落形态。

在培养过程中，显微镜下可以看到放线菌就是一个长长的菌丝，这是放线菌的一种状态。

3. 霉菌

霉菌，比如淡紫拟青霉，这是大家可能经常会看到的一个菌剂产品。它的菌落形态以及菌丝状态如图 2-3 所示。

图 2-2　放线菌：培养平板与菌落形态

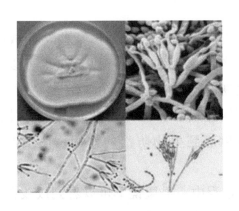

图 2-3　霉菌：淡紫拟青霉培养平板与菌落形态

　　淡紫拟青霉属于真菌范畴，它得按照真菌培养方式来培养。真菌的培养方式和细菌有所差异，所以经常有人问：配方里面能不能加一些淡紫拟青霉？答案是不可以的。比如枯饼水肥发酵里是不加淡紫拟青霉的，因为淡紫拟青霉需要真菌培养基的配方，这和细菌培养基的配方是不相通的，特别是在 pH 方面，相差非常大。所以一个培养基配方，不可能适用于所有功能菌，这一点一定要注意。

4. 酵母菌

酵母菌的培养过程中会产生一些芳香气味。枯饼水肥发酵适合使用厌氧菌，可用酵母菌进行发酵，因为酵母菌偏厌氧型，并且它的生存环境是偏酸性的。可以加入酵母菌，让其发酵、转换。但好氧菌不适合用该方法，好氧发酵都是用芽孢杆菌类进行发酵（图 2-4）。

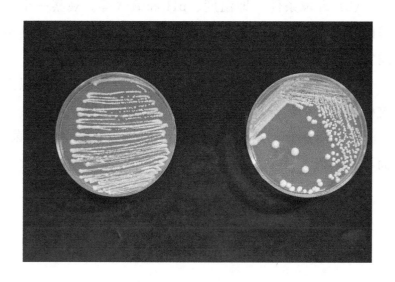

图 2-4　酵母菌：酿酒酵母培养平板与菌落形态

三、微生物如何生存

上述介绍了微生物的四大菌群，其中要重点关注的是细菌。那么这些细菌怎么存活？什么情况下才能生长？取决于两个因素：一个是营养条件，一个是环境条件。

（1）营养条件　即碳源、氮源、无机盐、生长因子和水，也称为营养五大要素。观察一个配方能不能养起菌来，需要把这五个因素找出来，如果找不出，就有可能养不出菌。去判断别人的配方到底是合理还是不合理，也要抓住这五个因素，少了其中任何一个因素都不行。

（2）环境条件　即温度、pH和氧气等。观察一个发酵配方或发酵工艺，要去找这几个因素，例如其温度是否适宜、pH有没有调节等。

堆肥也好，水肥发酵也好，土壤中养菌也好，当以上这些因素全部具备时，功能菌一定能顺利生长。

但是需注意，条件达到以后，要培养有益的功能菌，而不是杂菌。

第二节　微生物培养的营养需求

了解微生物的营养需求，首先要了解微生物的细胞和组成。微生物的细胞组成和植物的细胞组成是很相似的，和人体的细胞也非常相似，都含有碳、氢、氧、氮、磷、钾、硫、微量元素等。植物营养的大量元素、中量元素和微量元素，在微生物细胞组成里也体现得出来。

表 2-1 揭示了不同元素分别在细菌、酵母菌和霉菌中的含量分布。表中数据显示了碳和氮之间的比例关系，观察这些数据，可以发现细菌细胞的碳氮比为 10∶3。

表 2-1　微生物细胞中几种主要元素的含量（干重）

元素	细菌/%	酵母菌/%	霉菌/%
碳	50	49.8	47.9
氮	15	12.4	5.2
氢	8	6.7	6.7
氧	20	31.1	40.2
磷	3	—	—
硫	1	—	—

真菌细胞中碳氮比约为 9∶1，这一数值高于许多其他生物。蘑菇也是真菌，实际生产中蘑菇的培养基或蘑菇渣（菌糠）的碳氮比，基本上能达到（30~40）∶1。细菌细胞本身碳氮比的构成大约为 5∶1，那么为什么堆肥的时候碳氮比要调到 25∶1 呢？这是因为在微生物生长、构成自身碳氮比的过程中，会消耗相当于自身碳氮比 4 倍的碳元素，这些碳随后以二氧化碳的形式被释放到大气中，剩余的碳元素构成它的菌体细胞。因此，碳氮比 25∶1 的微生物对应的菌体碳氮比是 5∶1。

通过细胞自身的碳氮比，可以反推出微生物所需营养的碳氮比，并通过该参数去构建它的营养配方。微生物、动物和植物之间的营养需求存在共通性，这是营养的一个变化相通。微生物化学组成像蛋白质、碳水化合物、脂肪、核酸等都有其比例构成（表2-2）。

表 2-2 微生物细胞的化学组成（占细胞鲜重）

主要成分	细菌/%	酵母菌/%	霉菌/%
水分	75～85	70～80	85～90
蛋白质	50～80	32～75	14～15
碳水化合物	12～28	27～63	7～40
脂肪	5～20	2～15	4～40
核酸	10～20	6～8	1
无机盐	2～30	3.8～7	6～12

下文将详细讲述微生物的营养物质要素（碳源、氮源、无机盐、生长因子和水）。

一、碳源

能够给微生物提供碳元素的营养物质都称为微生物的碳源。所有含碳的原料都可以称为碳源。例如含有碳元素的粗纤维、木屑、蘑菇、菇渣等这些物质都属于碳源。此外，植物通过光合作用吸收的二氧化碳也属于碳源。有机物质中，糖类、葡萄糖、蔗糖等纤维都属于碳源，这是属于有机的碳。

表 2-3 是微生物的碳源谱，这是选择碳源时的关键参考，相当于人类选择食物的食谱。碳源主要分为两大类：有机碳和无机碳。例如，花生饼粉在枯饼水肥发酵过程中，因为含碳被划分到碳源。氨基酸里也含有碳元素，但它的碳含量比较少。而葡萄糖、蔗糖、淀粉和糖蜜是培养微生物时的首选，因为它们是微生物生长所需的理想碳源。在后续堆肥、水肥发酵等过程中，都会考虑这些碳源。堆肥和发酵水肥的核心都是养菌，养菌就要选择碳源，且会优先考虑那些既经济实惠又易于被微生物利用的原料，这样不仅能促进微生物生长，还能使碳源快速被利用，从而有效支持微生物的培养过程。

表 2-3　微生物的碳源谱

类型	元素水平	化合物水平	培养基原料水平
有机碳	$C \cdot H \cdot O \cdot N \cdot X$	复杂蛋白质、核酸等	牛肉膏、蛋白胨、花生饼粉等
	$C \cdot H \cdot O \cdot N$	多数氨基酸、简单蛋白质等	一般氨基酸、明胶等
	$C \cdot H \cdot O$	糖、有机酸、醇、脂类等	葡萄糖、蔗糖、各种淀粉、糖蜜等
	$C \cdot H$	烃类	天然气、石油及其不同馏分、石蜡油等
无机碳	$C(?)$	—	—
	$C \cdot O$	CO_2	CO_2
	$C \cdot O \cdot X$	$NaHCO_3$	$NaHCO_3$、$CaCO_3$、白垩等

二、氮源

能够给微生物提供氮元素的营养物质都称为微生物的氮源。所有含氮的原料都可以称为氮源。碳源原料和氮源原料两者之间会有交叉，这就意味着同一个物质既可以把它归类为碳源，也可以把它归类为氮源。关键在于，原料只要含有氮，那就可以被称为氮源。

表2-4是微生物的氮源谱。氮源包含无机氮源和有机氮源两大类型。有机氮源包括牛肉膏、酵母膏等，这些都含有氮元素。饼粕（俗称枯饼），如花生枯、菜枯、豆粕和鱼粉，也属于氮源。在花生枯的水肥发酵过程中需要结合碳源和氮源两种原料来培养微生物。此外无机氮源如硫酸铵也有使用，它是一种快速作用的氮源，有种称起爆剂的配方就使用了硫酸铵。同时，空气中的氮也可以通过固氮绿肥被植物吸收和利用。

营养涉及速效营养和迟效营养两个概念。速效营养意味着可以直接被微生物、作物吸收，表现为时间短，见效快；迟效营养意味着需要微生物分解以后才能被微生物、作物吸收。蛋白质需要时间分解，这个过程就表现为肥效较慢但持久，所以叫作迟效营养。氨基酸类、无机氮类都属于速效营养，能直接被微生物、作物吸收，并迅速转化为细胞的一部分。因此，在考虑微生物的碳源和氮源时，要关注碳源谱和氮源谱，了解微生物需要什么样的营养，并据此进行选择和实验优化。

表 2-4　微生物的氮源谱

类型	元素水平	化合物水平	培养基原料水平
有机氮	N·C·H·O·X	复杂蛋白质、核酸等	牛肉膏、酵母膏、饼粕粉、蚕蛹粉等
	N·C·H·O	尿素、一般氨基酸、简单蛋白质等	尿素、蛋白胨、明胶等
无机氮	N·H	NH_3、铵盐等	$(NH_4)_2SO_4$ 等
	N·O	硝酸盐等	KNO_3 等
	N	N_2	空气

三、无机盐

细胞的构成离不开无机盐，因此必须对其进行补充，这也是一开始讨论细胞组分的原因，只有补充细胞所含有的元素，才能起到支持细胞结构和功能的作用。所以这些大量元素、中微量元素在细胞中以特定的浓度存在并发挥作用。例如枯饼水肥发酵过程中会特意添加硫酸镁，这也是养菌配方的基础组成部分之一。

四、生长因子

一般在粗放式的发酵过程中不会额外添加生长因子，因为有些原料里面已经自然含有这些成分。但是在某些情况下会添加一些维生素，特别是在动物营养领域，这种做法更为常见。

五、水

水在培养基中的作用是调节养分的浓度，也就是决定加入水和物料的比例。例如枯饼水肥的配比为100∶10∶1即100份水、10份枯饼和1份其他原料就涉及对水分的调控。

在常见的培养基配方中，可以看到图2-5列举的细菌、放线菌、酵母菌和霉菌这四大类微生物所需的特定成分。每个配方都要找到它的碳源、氮源和无机盐，有些培养基可能包含生长因子。无论如何，水是所有培养基配方中不可或缺的组成部分。

细菌(牛肉膏蛋白胨培养基)： 牛肉膏3克　蛋白胨10克　NaCl 5克　H_2O 1000毫升
放线菌(高氏1号)： 淀粉20克　K_2HPO_4 0.5克　NaCl 0.5克　$MgSO_4 \cdot 7H_2O$ 0.5克 KNO_3 1克　$FeSO_4$ 0.01克　H_2O 1000毫升
酵母菌(麦芽汁培养基)： 干麦芽粉加四倍水,50～60℃保温糖化3～4小时,用碘液试验检查至糖化完全为止,调整糖液浓度为10白利度,煮沸后,纱布过滤,调pH为6.0
霉菌(查氏合成培养基)： $NaNO_3$ 3克　K_2HPO_4 1克　KCl 0.5克　$MgSO_4 \cdot 7H_2O$ 0.5克　$FeSO_4$ 0.01克　蔗糖30克　H_2O 1000毫升

图 2-5　常见的培养基配方

实验室中常配的细菌的牛肉膏蛋白胨培养基，通常包含牛肉膏、蛋白胨、氯化钠和水。其中牛肉膏既是碳源又是氮源，蛋白胨主要是氮源，氯化钠是无机盐碳源，还包含生长因子。

对于放线菌、霉菌和酵母菌的培养，同样需要分析其培养基中的碳源和氮源。通过分析配方中的碳源、氮源、无机盐以及水分比例，可以更好地理解和控制发酵过程。

总而言之，微生物的营养要求要抓住五大要素。这些因素在堆肥制作、水肥制备、绿肥的原位发酵以及土壤中微生物的培养过程中都至关重要。土壤质量的下降往往是由于微生物数量的减少，而微生物的缺乏，归根结底是营养条件和环境条件不适宜。

通过分析微生物的需求，人们可以逆向推理，调整土壤条件，以满足微生物的生长需求，从而改善土壤质量。

第三节　微生物培养的环境要求

微生物在生长过程中受多种外界因素的影响，如温度、pH、水分、渗透压、氧气、电导率（Ec 值）、超声波、光线、射线和化学物质等。生命的维持依赖于与环境的和谐共存，任何微小的变化都可能对生命产生深远的影响。微生物同样也和它的生存环境息息相关，并与其共同构成一个完整的生态系统。所以，当培养微生物时，一定要理解并提供适宜的环境条件，才能使菌顺利生长。

一、温度

温度是环境重点要求之一，因为菌的生存受温度的影响非常大。菌按适应温度范围大小分三大类：低温菌、中温菌和高温菌。

中温菌在农业中涉及最多，大概春、夏之交的温度最适合中温菌。春夏之交是夏梢迅速生长的阶段，这段时间温度为 26～28℃，是人体最舒适温度，也是菌最舒服的温度，此时菌的代谢非常旺盛。

低温菌在温度较低的北方更为常见，而中温菌和高温菌则多见于气候较温暖的南方。微生物对温度变化极为敏感，类似于人类在接触到热水时会迅速抽回手一样。

图 2-6 的曲线体现了温度对菌的影响，当温度从低温开始逐步上升时，菌生长的速度和活跃度越来越强；直至达到一个最适宜的温度点，这个温度水平被称为最适温度。假设一种菌的最适温度是 28℃，那么过了 28℃ 以后温度再上升，菌的生存能力就开始急剧下降。温度若上升到 40℃，菌就开始慢慢死亡。因此，存在三个关键温度点：最低温、最适温、最高温。培养菌要选择最适宜的温度，才有助于实现微生物的最快速生长。

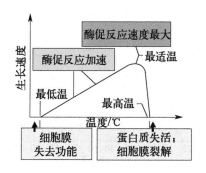

图 2-6　生长温度三基点

图 2-7 展示了各种类型菌种对温度的偏好程度，嗜冷菌、嗜温菌、嗜热菌、极端嗜热菌对高温的偏好程度分别越来越高。有些极端嗜热菌最适温度超过了 100℃，虽然人类无法忍受，但菌还能生存。例如火山口耐高温的菌、海底耐高温的菌，即使在几百摄氏度也并未死亡。目前也有很多科学家研究蛋白质在如此高温下的代谢机制。

因此，建议避免在冬季进行枯病水肥发酵，因为在低温条件下，微生物的生长速度会显著下降。如何为枯饼水肥发酵找到最好的时间，就涉及了用菌的技术。从温度来看，冬天用菌的效率非常差，因为菌本身在低温下不活跃，其功能难以充分发挥。而在春季或秋季进行发酵更为适宜，因为这两个季节的温度更有利于微生物的生长。夏季由于选用的菌种具有耐高温的特性，即使温度高达 45℃，也能保持其活性。

此外，温度不仅影响微生物的活性，还间接影响土壤

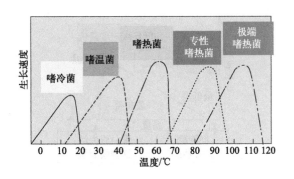

图 2-7   各种类型菌种对温度的反应

的肥力。因为土壤温度直接影响微生物的活性，而微生物的活性又是决定土壤中养分释放速度的关键因素，从而能影响树木的生长状况。由此可见，温度对整个生态系统有着深远的影响，其通过调节微生物的活性来控制土壤养分的可用性，进而影响作物的生长和发育。

二、氧气

　　氧气是影响微生物生长的第二个关键环境因素。可以根据微生物对氧气的需求分为好氧菌和厌氧菌。厌氧菌有两种：一种是耐氧菌，一种是专性厌氧菌。专性厌氧菌对氧气极为敏感，氧气对它们是致命的，专性厌氧菌只有在无氧环境中才能生存。而耐氧菌是以发酵为主，例如部分乳酸菌、酵母菌。但是耐氧菌在没有氧气的环境中能生长，有氧气的环境中也能生长，只是生长速度相对更慢。好氧菌是利用率最高的，因为其产生的能量多、代谢快、繁殖速度也快，所以在用菌时，通常使用好氧菌（图 2-8）。

总体来说，专性好氧菌和兼性厌氧菌使用较多。培养专性好氧菌如枯草芽孢杆菌、解淀粉芽孢杆菌、侧孢芽孢杆菌等一定要提供氧气，也就是常提到的增氧。如果不增氧，这些菌就无法生长，从而降低效用。兼性厌氧菌如酵母菌、乳酸菌和植物乳杆菌通常用于厌氧发酵，如做好枯饼水肥后需要密封两三个月。但是，这些菌在培养数量和存活能力上通常不如好氧菌，且在土壤中的生存时间较短。

而专性好氧菌如枯草芽孢杆菌等，进入土壤后遇到不利环境会休眠变成孢子，称为芽孢孢子。这些芽孢孢子在适宜的环境条件下可以恢复活性，如果不激活也可以存活 100 万年左右，因此这类菌在实际应用中更为可靠。

在实验室条件下，好氧菌在液体培养基的表面利用水面外的氧气生长和繁殖，可能形成一层菌膜。果农经常使用的枯饼水肥等，静置几天后表面会形成一层菌膜，外观上类似粥冷却后形成的表膜，这种菌膜就是好氧菌。而兼性厌氧菌可在水下繁殖生长，虽然水下氧气稀薄，但兼性厌氧菌一样可以生存。为了支持好氧菌和兼性厌氧菌的生长，可以采取多种方法提供氧气，包括静置发酵、摇动培养或使用额外的增氧设备等。

对氧气敏感的微生物通常不在选择范围之内。这类微生物将氧气视为有害物质，一旦接触到氧气就会死亡。因

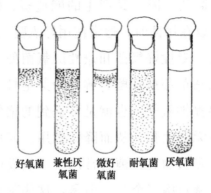

图 2-8　五类对氧关系不同的微生物在
半固体琼脂柱中的生长状态（模式图）

好氧菌　兼性厌氧菌　微好氧菌　耐氧菌　厌氧菌

此，这些微生物倾向存在于氧气难以到达的环境中。在堆肥过程中，可以观察到堆肥内部不同区域存在温度差异，这与氧气的分布有关。如果某个区域的氧气供应不足，那么该区域温度就不会升高；相反，如果氧气充足，尤其是在堆肥表面以下三四十厘米处也含有充足氧气时，温度会因为微生物的快速生长和繁殖而升高。

图 2-9 左边起第一个试管展示了一层浮在水面上的菌膜；第二个试管则展示了菌的沉淀，其中可能包含一些厌氧菌。所以在培养好氧菌的过程中，确保充足的氧气供应至关重要。在枯饼水肥发酵的最初三天非常关键，因为这个阶段是功能菌生长和确立优势的关键时期。如果在这期间不能成功培养出功能菌，杂菌就可能占据优势。因此，在这至关重要的前三天里，必须提供所有适宜功能菌生长的条件，包括充足的营养和适宜的环境，以促进功能菌的

快速生长，并抑制杂菌的出现。所以，如果要保证好氧菌的氧气供给，一定要实行增氧、充氧的模式。

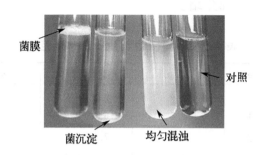

菌膜

对照

菌沉淀　　均匀混浊

图 2-9　细菌在液体培养基中的生长情况

三、pH

pH 也是影响菌的关键因素。pH 会影响菌对营养物质的吸收，因为 pH 的高低会影响细胞膜的通透性。如果细胞膜的通道关闭，微生物将无法获得必需的营养，最终可能导致死亡。

此外，pH 还会影响酶的活性，进而影响代谢产物的种类。例如，酵母菌在 pH 4.5～5.0 的区间会产生乙醇，如果 pH 达到 6.5 以上则产生甘油。代谢产物受到影响是因为代谢途径受到了影响，另外 pH 还会影响营养物的离子化程度。

不同的微生物对 pH 的要求不一样，表 2-5 展示了不同微生物的最适 pH。枯饼水肥调 pH 和堆肥调 pH 都是为了创造适宜微生物生长的环境。发酵工艺的调整是基于菌的需要，而不是随意进行的。另外还有一些耐碱、嗜碱菌此处不做详细介绍。

表 2-5　不同微生物生长的 pH 范围

微生物种类	最低 pH	最适 pH	最高 pH
大肠杆菌	4.3	6.0～8.0	9.5
枯草芽孢杆菌	4.5	6.0～7.5	8.5
金黄色葡萄球菌	4.2	7.0～7.5	9.3
黑曲霉	1.5	5.0～6.0	9.0
一般放线菌	5.0	7.0～8.0	10
一般酵母菌	3.0	5.0～6.0	8.0

　　每种菌都有各自的最适 pH、最低 pH、最高 pH，这个分类理念和温度类似。例如枯草芽孢杆菌的最适 pH 为 6.0～7.5。枯饼水肥发酵的前 3 天调整 pH 是至关重要的，pH 需要调到 7.0 左右。还有常用的枯草芽孢杆菌，最高 pH 为 8.5，如果 pH 超过 8.5，就会抑制微生物的生长。如果 pH 达到 9.0～12.0，微生物将几乎无法生长。因此，在添加微生物之前，应先将 pH 调整至适宜范围，pH 控制在 7.0 左右最适合细菌生长。

　　酵母菌偏好酸性环境，其最适宜的 pH 在 5.0～6.0 之间。细胞内的 pH 因为有一层细胞膜隔离外界环境，一般稳定维持在 7.0 左右。虽然细胞内 pH 始终保持稳定，但也会受外界环境 pH 的影响。这就意味着外界环境会影响微生物的生长，而微生物的生长反之又会影响外界环境。这就解释了为什么在枯饼水肥发酵过程中 pH 一直在下降，就是因为微生物的代谢活动影响了水肥的 pH。受到微生物影响以后，环境 pH 下降，菌的生长就受到影响，所以需要调节 pH，并将其维持在适宜微生物生长的范围内。由此菌就会持续不断地生长、分解大分子营养以及繁殖。如果菌改变了外界环境的 pH，就需要人为调整外界的 pH。

在发酵工程课程中，专业化的发酵是在发酵罐里进行的。发酵罐内有加碱、加酸的蠕动泵，这个设备是通过程序控制的，起到稳定 pH、使其在一个小小的范围内波动的作用。如果 pH 下降就加碱，上升就加酸。

而枯饼水肥的发酵则依赖于人工调节，所以相对比较粗放。最常用的 pH 调节方法是加生石灰调 pH，直接加入生石灰调整 pH 并使其稳定在 7.0 左右。pH 的稳定非常关键，是水肥发酵最重要的一个参数。在此过程中需要重点监测 pH，pH 波动越快、越剧烈，说明菌生长得越多（图 2-10）。

四、其他

1. 干燥（水分）

堆肥过程中，维持 50％～60％ 的水分含量是至关重要的，因为水分水平直接影响微生物的生长。有一些菌对干燥环境的抵抗力比较强，而有一些菌保存需要干燥的环

图 2-10　水肥发酵 pH 测试

境，例如晒干的谷物可以长时间储存而不发霉。通过控制水分调节微生物的生长，可实现对微生物种群的合理管理。

2. 渗透压

渗透压对菌的影响和对果树根系的影响原理是一致的。高渗透压可能导致细胞脱水，俗称"烧根"，同样的情况也会发生在微生物上。这种"烧"并非由高温引起，而是由于高浓度的营养物质会从细胞内部吸出水分，导致细胞脱水而死亡。菌和根系是一样的，所以渗透压非常关键，要求在水肥发酵原液里不能加过量的元素肥，就是为了避免渗透压的问题。

反过来，如果想要控制杂菌的生长，也可以通过调整这些条件来实现。例如，通过增加营养物质的浓度，可以提高渗透压，从而抑制或杀死不需要的菌。

第四节　微生物生长繁殖的规律

一、生长曲线

　　微生物无论接种到堆肥还是水肥中，其生长都遵循一定的规律。通常可以根据一般适用的微生物生长曲线图，来判断水肥发酵何时结束。随着时间的推移，菌开始逐渐繁殖，数量不断增加，直至达到一个峰值。在这个顶峰期之后，微生物的数量增长放缓，然后维持一段时间，最终进入衰减阶段。根据菌的数量，绘制的生长曲线可以分为迟缓期、对数期、稳定期、衰亡期四个时间段（图2-11）。例如，在枯饼水肥发酵的初期，一旦加入微生物，并且满足了所有必要的营养和环境条件，它们就会迅速繁殖。在对数生长期，微生物的数量会呈指数级增长，即以2^n的速度快速繁殖，从1个分裂为2个，然后是4个，8个，以此类推。

二、生长规律

　　以枯饼水肥的发酵过程为例，菌的快速增长和繁殖主要发生在最初的三天。这也是为什么要在这个阶段调整

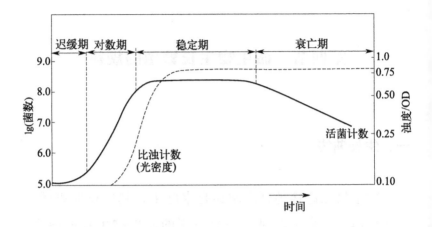

图 2-11　细菌生长曲线

pH，目的就是让有益菌的数量迅速达到峰值，从而抑制杂菌生长，确保功能菌占据优势。在随后的两天中，发酵过程进入稳定期，稳定期在发酵 3～5 天后就会结束，之后便不再进行发酵。如果发酵过程继续延长至衰亡期，一些菌将会死亡，同时过度发酵可能导致有机物质过多地分解为无机物质。因此，可以根据微生物的生长曲线来确定发酵的结束时间，遵循其生长规律来设定这一时间点。在发酵初期，尤其是在前三天，必须确保微生物的营养和环境条件最适宜，这样它们才能以最快的速度生长，防止杂菌滋生。如果在这段时间内处理不当，或者供电中断导致氧气供应停止，就会增加杂菌感染的风险。如果再次增氧，此时外部杂菌进入，就会与功能菌同步生长，这将降低培养出的微生物纯度。

第三章

枯饼水肥好氧
发酵技术

第一节 枯饼概述

一、枯饼

枯饼是油料作物的种子经榨油后留下的副产物，其中含有大量营养物质，是一种优质的饼肥，能使植物生长良好。枯饼不仅养分全面，能为作物生长有效提供氮、磷、钾、多种中微量营养元素和具有特殊功能的小分子有机营养物质，而且施用枯饼能调节土壤水、肥、气、热条件，改良长期单施化肥而对土壤造成的不良影响，提高土壤肥力，明显改善农产品质量。枯饼是榨完油以后剩下的"浓缩版蛋白"。榨油将作为油的脂肪抽离出去以后，剩下的废料组成的枯饼，其蛋白含量要比原来的花生、大豆的蛋白含量都要高。

常见的枯饼有花生枯、菜枯和豆粕，这三大类是常见的植物源有机氮；还有一种动物源有机氮，例如鱼蛋白和鱼粉类的物质；此外，一些源于动物尸体的蛋白，经过无害化处理后，也都属于动物源有机氮的范畴。

对于枯饼发酵来说，枯饼首先是微生物营养的氮源，其次才是作物的有机氮肥料。花生蛋白，也就是花生粕，蛋白含量在43%左右。它的特点是营养非常全面，几乎包含所有的元素，如氮、磷、钾、碳、氢、氧、钙、镁、硫等。还有比较特殊的一点是它含有一些小分子有机养分。

目前小分子有机养分能决定果品质量，其具体作用机制尚未完全明了，但有些实验室正在研究这一方面。例如有机氮对果树的作用相对缓和，不会使果树的长势过快，与尿素或铵态氮等速效氮肥不同，它能够缓慢释放，避免因营养过快吸收从而改变果实的口感。氮、磷、钾这类化学肥料过快地吸收、代谢、合成，导致元素失衡，如果元素失衡就可能造成元素的缺失，从而影响果实的口感和风味。这可以解释为是因为肥料肥效过快造成的品质下降，但是枯饼可以延长肥效，从而促进果实品质的提升。

二、枯饼养分含量

表3-1展示了常见饼肥的部分养分含量，主要需要关注其中的氮、磷、钾三种元素。这些元素在饼肥中以有机形式存在，分别称为有机氮、有机磷和有机钾。在选择饼

肥时，氮含量需要尤其重视，大豆饼（也称为豆粕）以及花生饼都是推荐的饼肥种类。磷和钾虽然也重要，但相对容易获取，而有机氮的来源则较为稀缺，因此更关注氮的含量是有必要的，这也是强调固氮绿肥重要性的原因之一。

表 3-1　常见饼肥的部分养分含量

种类	N/%	P_2O_5/%	K_2O/%	$N+P_2O_5+K_2O$/%
大豆饼	7.00	1.32	2.13	10.45
菜籽饼	4.60	2.48	1.40	8.48
芝麻饼	5.80	3.00	1.30	10.10
花生饼	6.32	1.17	1.34	8.83
棉籽饼	3.41	1.63	0.97	6.01
桐籽饼	3.60	1.30	1.30	6.20
茶籽饼	11.1	0.37	1.23	12.70
亚麻饼	5.50	2.81	1.27	9.58
蓖麻饼	5.05	2.00	1.90	8.95
柏籽柿	5.16	1.80	1.19	8.15

花生枯的蛋白质含量大约在43%，而菜枯的蛋白质含量大约在35%，两者之间的蛋白质含量差异能达到七八个百分比。在制作水肥时需要特别注重蛋白质，并且一定要选择蛋白质含量较高的原料，例如鱼粉的蛋白质含量能达到60%～70%。上述原料不仅蛋白质含量高，而且能提供非常全面的有机营养，如发酵过程中产生的蛋白酶、糖类和淀粉酶等。

功能菌在发酵的过程中还会产生大分子的蛋白分解，

分解成如多肽、寡肽、小肽、氨基酸等小分子物质。这些小分子物质都有特定的功能，特别是分解的小肽和氨基酸可以被根系直接吸收，所以它们的肥效非常明显。

表3-2分析显示，发酵后的成分变化是发酵成功的关键。特别是有机酸的生成，如草酸、酒石酸、苹果酸、乳酸、乙酸和柠檬酸等，它们在枯饼发酵后的比例变化，反映了功能菌分解作用的结果。不同的枯饼发酵时间点不同，有机酸含量不同，均揭示了发酵过程中功能菌活动的影响。

表3-2　不同发酵时间饼肥中有机酸的含量

油饼种类	发酵天数/天	有机酸含量/(克/千克)						
		草酸	酒石酸	苹果酸	乳酸	乙酸	柠檬酸	琥珀酸
芝麻饼	10	0.89	6.64	7.21	20.42	14.95	23.23	32.63
	20	1.58	10.43	13.76	37.57	18.52	27.51	43.69
	40	0.92	14.42	18.03	13.59	12.24	5.21	6.12
	70	0.84	9.88	50.77	—	—	7.23	9.55
菜籽饼	10	0.58	12.35	2.93	41.58	2.75	63.55	17.48
	20	0.76	11.50	6.15	64.35	2.81	32.04	20.37
	40	0.83	8.17	10.55	52.43	13.96	22.63	9.66
	70	0.87	13.10	13.53	9.33	11.22	2.41	1.51
大豆饼	10	1.03	14.04	16.39	57.66	9.74	40.88	7.48
	20	0.93	11.13	12.28	18.77	18.92	10.59	4.77
	40	0.57	13.68	16.55	2.77	62.13	—	7.71
	70	1.54	35.53	16.08	63.61	27.20	9.04	22.85

续表

油饼种类	发酵天数/天	有机酸含量/(克/千克)						
		草酸	酒石酸	苹果酸	乳酸	乙酸	柠檬酸	琥珀酸
花生饼	10	0.32	2.21	26.34	55.14	9.65	4.90	3.28
	20	0.37	3.53	29.39	38.05	12.40	1.30	3.10
	40	1.17	4.30	14.47	32.14	14.32	—	5.30
	70	1.83	25.46	46.50	125.20	46.81	7.51	1.55

注："—"表示微量。

在表 3-2 中，柠檬酸比较多，还有一些乳酸、苹果酸，此外就是氨基酸类的物质（表 3-3）。

表 3-3　不同发酵时间饼肥中氨基酸的含量

单位：克/千克

类型	芝麻饼		菜籽饼		大豆饼		花生饼	
	10 天	70 天	10 天	70 天	10 天	70 天	10 天	70 天
天门冬酸(Asp)	34.0	33.2	24.9	32.2	50.6	46.3	52.4	56.9
苏氨酸(Thr)	11.6	9.5	13.4	9.4	17.6	11.4	13.8	11.6
丝氨酸(Ser)	10.1	6.4	11.6	6.6	18.1	9.4	17.7	11.5
谷氨酸(Glu)	88.8	62.9	70.0	64.1	97.8	77.0	104.0	97.6
甘氨酸(Gly)	22.0	19.0	17.5	19.5	21.6	17.7	25.9	22.9
丙氨酸(Ala)	22.2	19.0	16.0	19.8	22.8	22.9	20.8	24.7
胱氨酸(Cys)	1.8	2.4	3.2	2.4	3.4	2.4	3.6	3.1
缬氨酸(Val)	20.8	17.4	16.8	18.2	22.1	21.6	19.6	21.5
蛋氨酸(Met)	9.4	6.1	5.4	6.0	5.4	3.3	5.2	3.3
异亮氨酸(Ile)	17.3	12.3	14.2	12.5	22.0	18.9	18.0	16.1
亮氨酸(Leu)	30.5	21.8	24.8	22.5	37.4	32.8	33.4	32.1

类型	芝麻饼		菜籽饼		大豆饼		花生饼	
	10 天	70 天	10 天	70 天	10 天	70 天	10 天	70 天
酪氨酸（Tyr）	11.6	8.0	7.6	7.9	11.5	10.1	12.7	11.2
苯丙氨酸（Phe）	20.7	14.6	13.7	14.9	23.4	20.1	23.1	21.5
赖氨酸（Lys）	7.8	9.5	21.0	9.4	29.2	17.6	20.4	14.5
组氨酸（His）	9.3	6.8	9.4	6.8	12.5	7.1	11.3	8.5
精氨酸（Arg）	35.9	21.3	20.1	21.8	31.2	18.6	48.0	30.4
脯氨酸（Pro）	7.8	10.4	17.3	10.4	22.1	19.2	17.8	18.4
色氨酸（Trp）	2.1	4.6	1.4	4.0	3.6	2.7	3.1	3.8
总和	363.7	285.2	308.3	288.4	452.3	359.1	450.8	409.6

在评估枯饼水肥发酵效果时，需要重点关注两大类成分：有机酸和氨基酸。表 3-3 中测定了 18 种氨基酸的含量。发酵 10 天后大豆饼的氨基酸能达到 45％，花生饼也能达到 45％，由此可见，它们的氨基酸含量很高。除了氨基酸，发酵过程中还会产生多肽，即由若干氨基酸连接而成的小肽链。尽管这些多肽没有包含在测量结果中，但它们的数量也是可观的。此外，还有一些大分子物质，如蛋白胨和寡肽，也在发酵产物中存在。强调这些成分的重要性是因为它们是枯饼水肥发酵后的关键组成部分。通过了解这些成分，可以更好地理解枯饼水肥的组成，并且也可以让果农了解到使用效果良好的原因。

第二节　传统果园枯饼发酵的部分方法

传统枯饼水肥的发酵通常是厌氧发酵，并且周期长，通常需要 6 个月至 1 年的时间。即使如此，发酵往往仍不彻底。如果没有数量充足的功能菌，即使长时间浸泡，枯饼中的蛋白质也无法有效分解，导致营养物质不能充分释放到水中，无法实现水溶肥的效果。

发酵枯饼水肥的目的是加速枯饼中蛋白质的分解，并在液体发酵过程中培养出大量功能菌。所以，相较于放在土壤中使其缓慢分解，枯饼水肥发酵能集中加速枯饼中蛋白质的分解，同时培养出大量功能菌。

传统发酵方法包括枯饼水肥沤制方法和芳香族枯饼水肥发酵方法。

一、枯饼水肥沤制方法

有文章发表过枯饼水肥的沤制方法：在脐橙园使用几个 200 千克的桶进行发酵，按照 1∶2 的原则，把 0.5 千克枯饼和 1 千克人类粪尿放入桶里，然后加入清水捣烂，再用薄膜覆盖表面并扎紧进行发酵。直到没有粪臭味，这一般需要 20～30 天。

然而，从微生物培养的角度来看，这种方法存在明显不足。因为该方法主要依赖于高氮的人类粪尿和枯饼，并未提供充足的碳源和其他必需的营养物质，并且从氧气、pH 和温度角度分析也存在一些问题。

二、芳香族枯饼水肥发酵方法

芳香族的枯饼水肥发酵方法，目前有很多教程，该方法将糖蜜、花生枯、水按 1∶3∶10 的配比或 1∶3∶15 的配比进行发酵。网络上的教程几乎都使用了厌氧模式，也有一部分使用了改良后的好氧模式。配好比例之后进行投料，发酵桶预留 60% 左右的空间防止起泡，然后搅拌均匀并密封。这种方式是厌氧发酵，因为加入了糖蜜且没有调整 pH，所以通常没有异味，甚至带有糖蜜的香气，但其发酵失败就会发黑、产蛆。图 3-1 就是这种密封发酵方法。

三、传统发酵方法优缺点分析

从微生物培养的角度分析，传统发酵方法存在多个问题。第一，发酵的核心是微生物，这些方法没有引入额外的微生物，完全依赖于原有的微生物群落。第二，从微生物的营养条件分析，缺乏必要的营养条件，如碳源、无机盐和生长因子。即使芳香族式发酵加了糖蜜，有了碳源供

图 3-1 　芳香族枯饼水肥发酵方式

给，但是依旧缺少无机盐和生长因子。此外，水的比例问题也被忽略了。第三，从微生物的环境条件分析，如 pH、温度和氧气供应也没有得到适当的控制。

　　以上所述没有调节 pH，也没有额外增加氧气，对温度也没有进行干预，但是影响较小，一般除了冬天都可以进行发酵。没有调节 pH、没有增加氧气，也没有额外引入功能菌，这样的条件很难培养出数量充足的功能菌。厌氧发酵中大部分是真菌，如酵母菌、乳酸菌，这种菌最大的生长特点之一是慢，其生长速度比细菌的 1/10 还要慢。培养细菌可能 12 个小时就长出菌落，而培养酵母菌、乳酸菌要比较长的时间才能观察到菌落。正因如此，微生物的数量不够充足，菌肥就很难达到理想的效果。

好氧发酵和厌氧发酵的区别主要在于发酵速度和功能菌数量。厌氧发酵的速度非常慢，好氧发酵的速度则很快。好氧发酵产生的能量非常多，繁殖很快；厌氧发酵产生的能量非常少，繁殖很慢。厌氧发酵功能菌的数量明显低于好氧发酵功能菌的数量，所以通常选择好氧发酵，而不是厌氧发酵。

第三节　好氧发酵技术

一、发酵工艺流程

发酵工艺流程如下（图 3-2）。

① 枯饼浸泡。将水和枯饼按照质量比 10∶1 的比例，浸泡枯饼 15 天以上，浸泡期间，使用带有切割功能的污水泵搅动 2～3 次，每次 0.5～1 小时，将枯饼搅碎；枯饼可以是豆粕、花生粕、菜粕或它们的混合物。

② 配料和 pH 调节。向步骤①中的枯饼浸泡液中加入占其质量 1%～2% 的碳源，然后使用生石灰将 pH 调节至约 7.0。碳源可以是工业葡萄糖、红糖、糖蜜或这些物质的组合。

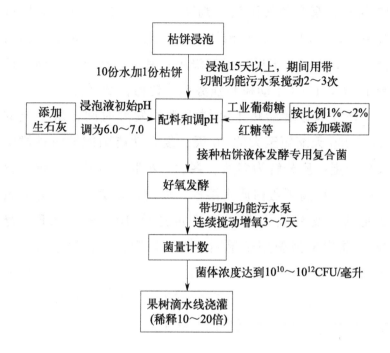

图 3-2 枯饼水肥好氧发酵流程图

③ 好氧发酵。将专用于枯饼液体发酵的复合菌接种到步骤②中调整好 pH 的枯饼浸泡液中，接种量使浸泡液中菌体初始浓度达到 $10^7 \sim 10^8$ CFU/毫升（CFU 指菌落形成单位）；使用带有切割功能的污水泵连续不间断地搅动增氧，进行好氧发酵，持续发酵 3～7 天；所用枯饼液体发酵专用复合菌由芽孢杆菌 A、芽孢杆菌 B 和芽孢杆菌 C 三种功能菌组合而成。

④ 菌量计数。用显微镜计数法或平板计数法检测步骤③发酵液中复合菌浓度，对于菌体浓度达到 $10^{10} \sim$

10^{12}CFU/毫升的发酵液，判断为发酵完成，得到液体有机菌肥。使用发酵好的液体有机菌肥时要根据树龄树势稀释适当倍数，用于果树根部浇施；其中，挂果树、弱树稀释 10 倍，1～3 年幼树和强势挂果树稀释 20 倍。

该技术显著缩短了枯饼水肥的发酵时间，从传统的 150～360 天缩短至大约 20 天。复合功能菌能够将枯饼中大分子蛋白质分解为多肽、寡肽、小肽和氨基酸，营养分解彻底，提高了蛋白质水溶性。同时，发酵液中含有大量功能菌（发酵液中菌体浓度可达到 10^{10}～10^{12}CFU/毫升），将发酵液施用于果园土壤，以肥养菌，促进微生物的繁殖和活动，增强微生物的活性，发挥出各类功能菌松土、活化养分、解毒、调节酸碱等作用，可促进土壤团粒结构的形成，快速修复果园土壤生态。

二、需注意的关键点

在枯饼水肥发酵整个过程中，有几个关键的技术细节需要注意：

第一，搅拌。在浸泡枯饼期间，需要搅动 2～3 次，大约每 3 天 1 次，每次持续约 1 小时。若使用污水泵进行搅拌，要确保增氧管完全浸没，以避免提前增氧。搅拌的目的是让枯饼充分浸泡并破碎，从而释放可溶性营养物质，为微生物提供初始营养。如果条件允许，可预先将枯饼打碎或磨粉以缩短浸泡时间。枯饼的种类和比例可以根据实际情况灵活调整。

第二，配料。浸泡枯饼是氮源的浸泡，浸泡 15 天后开始添加碳源、糖和起爆剂进行配料。之后，使用生石灰调节 pH 至约 7.0，初期可调至 7.5 以应对后续下降。配料完成后，加入微生物菌剂并开始增氧发酵。好氧发酵 3～5 天，根据实际温度可以适当延长一段时间，例如 5～7 天，然后再结束发酵。配料顺序一般是：首先加入糖和起爆剂，再调 pH，最后加菌。糖和起爆剂的配料顺序没有要求（图 3-3）。

图 3-3　枯饼

第三，调节 pH。发酵初期的 3 天内，将 pH 调整至 7.0～8.0 的范围，之后无需再调整，因为 pH 会自然下降。第一天可以调到 7.5～8.0，第二天和第三天调到 7.0 左右，之后就不用再调节 pH 了，这是 pH 最关键的时间点，也是最关键的培养菌的技术环节。若 pH 波动过大，降到 6.0 以后菌的生长就会被抑制，菌的数量无法快速增加，就无法充分发酵枯饼。当生石灰加入过多，就需要使用工业醋使 pH 回到理想的状态，为了避免浪费，刚开始可以少量多次地加入生石灰，边加边测（图 3-4）。

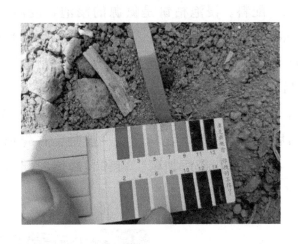

图 3-4　枯饼水肥好氧发酵技术的 pH 调试

第四，增氧。所有条件都满足后，微生物将开始快速繁殖。在此期间，需持续监测并维护已有条件，以确保微生物的快速生长。此时碳源、氮源这些营养条件已经无法改变，所以要特别关注 pH 和氧气。只要前三天满足功能菌的营养条件、环境条件，并且功能菌占据优势便可以了。

第五，接种量。加菌的量不是随意决定的，发酵过程初期，菌的初始量需充足，以确保功能微生物的数量远超杂菌，从而培养出所需的微生物群落。菌接种量一般要保证达到 10^7 CFU/毫升，即加菌以后，刚开始起步发酵池的菌量就要达到 10^7 CFU/毫升，也就是千万级。保证功能菌数量要关注菌的接种量，只有接种量远超杂菌数量，才能保证后续的功能菌数量（图 3-5）。

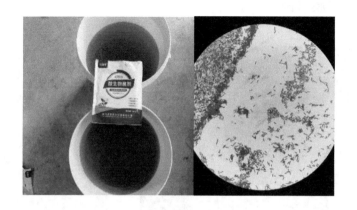

图 3-5　枯饼水肥发酵专用复合菌激活

第六，菌落计数。发酵结束后，可以送样检测，采用平板计数法等方法进行菌落计数。理想的菌落形态是均匀、一致的，几乎都是所需的功能菌，发酵液中菌体浓度可达到 $10^{10}\sim10^{12}$ CFU/毫升。

第四节　果园配套设施

一、发酵池设计

果园需要有发酵池和兑水池，简易的发酵池可以用养鱼的膜作为材料，成本比较低，还可以直接挖一个池再铺设防渗膜（图3-6）。

图 3-6　枯饼水肥发酵兑水池和发酵池设计

（1）发酵池大小设计原则　发酵池大小需要根据果树的数量来设计，通常按 1 吨原液可满足 200～400 棵树计算。发酵池大小设计要依据最大的一次用肥量来决定，具体测算如下：

1 吨原液稀释 10 倍，稀释成 10 吨水肥，按一棵大树需要 50 千克水肥来算，可以满足 200 棵树，那么 100 吨的发酵池，就可以满足 2 万棵树。

（2）稀释池　配肥的兑水池的大小是根据每天果园的浇水量来设计的，一般稀释池大小的水量不得小于一天的浇水量。

二、增氧设备

1. 空气压缩机

在水池下方布置管道的主要目的是为了增氧。如果要求严格，可以在空气压缩机的进风口使用 6～8 层纱布进行包裹，以过滤空气，减少杂菌的进入。通常进气孔应配备空气过滤器，使用纱布包裹能有效减少空气中杂菌的数量。这种方法也可以运用到发酵过程中［图 3-7(a)］。

2. 污水泵

跌水增氧模式，指的是水流从高处落下，像瀑布一样，在撞击水面时将氧气溶解在水中的模式。由于菌的生长需要大量氧气，尤其是在快速繁殖的前三天，对氧气的需求量非常大，这时氧气供应不可或缺。一旦氧气供应不足，菌的繁殖速度会下降，因此必须确保氧气供应［图 3-7(b)］。

(a)　　　　　　　　　　(b)

图 3-7　枯饼水肥好氧发酵增氧设计

第五节　枯饼发酵过程影响因素

枯饼水肥好氧发酵是不动土技术体系中功能菌的来源，所以该技术至关重要。如果依赖购买菌剂，大量功能菌施入土壤的成本将过高，因此自行培养功能菌变得十分有必要。枯饼水肥发酵是液体培养功能菌的核心技术，其他技术也都围绕功能菌展开，但前者是功能菌的源头。

影响枯饼发酵过程的因素包括枯饼粒径、碳源、接种量、氧气、pH、温度、发酵时间和起爆剂等，明确这些因素后，即使没有微生物学知识背景，也能成功培养微生物。

一、枯饼粒径

枯饼的粒径对发酵速度有显著影响。发酵前，将枯饼磨碎或打碎，可以加速泡透和泡散的过程。粒径越小，发酵越快。显微镜下观察到，磨碎的枯饼上密布着微生物，这些微生物围绕枯饼颗粒分解和繁殖。枯饼磨得越细，枯饼周围黏附的菌越多；颗粒越多，菌围绕得越多，发酵越快。从图 3-8 中可以观测到分解有机质的一些菌，其中黑色部分是枯饼的颗粒，近乎透明的、密密麻麻的都是菌在分解、繁殖。所以颗粒越小，分解得越快，发酵时间越短。

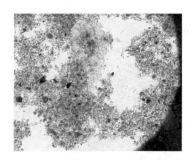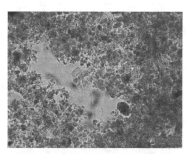

图 3-8　微生物分解有机物的显微镜照片

　　豆粕等颗粒较大的材料可以进一步磨碎以缩短浸泡时间，如果没有条件直接用颗粒也是可以的［图 3-9(a)］，但是需要浸泡更长的时间来泡透、泡散，相较之下鱼粉会比较细［图 3-9(b)］。

　　　　　(a)　　　　　　　　　　(b)

图 3-9　豆粕颗粒状（a）及鱼粉粉状（b）

　　如果是片状的花生枯，则需要彻底泡透，有时还需要搅动以促进油分的释放和水分的渗透，菜枯也同理。花生枯粒径处理的方法，一种是磨碎，另一种是泡透，然后搅动，搅2～3次，一次半小时至一小时，使其粒径变小。如果粒径合适，直接浸泡即可（图3-10）。

（a）   （b）

图 3-10　花生枯片状（a）及菜枯片状（b）

二、碳源

碳源的选择对于微生物培养至关重要，尤其是葡萄糖，分为食品级和工业级两大类（图3-11）。在这两种级别的葡萄糖中，优先推荐食品级葡萄糖。原因在于食品级葡萄糖的纯度有明确的标准，标注为99％的纯度是可以信赖的，因为这是用于人类食品工业。相比之下，工业级葡萄糖的纯度往往没有这么高，且不同厂家的产品纯度可能参差不齐，很难确切知道其实际含量。除了葡萄糖，糖蜜和红糖也可以作为碳源使用，但如果培养的是细菌，例如芽孢杆菌，推荐使用葡萄糖。蔗糖、糖蜜更适合培养厌氧发酵的酵母菌和乳酸菌。而培养好氧发酵的功能菌，则优先使用葡萄糖。

(a)

(b)

图 3-11　枯饼水肥发酵碳源

三、接种量

发酵过程中，菌种的初始接种量是至关重要的，菌种决定了发酵过程的起点和效率。一旦为功能菌提供了所需的营养和环境条件，则开始进行一个变两个、两个变四个的裂变式繁殖。一般要求初始接种量在 $10^7 \sim 10^8$ 个/毫升，1千克菌种接种1吨的原液，达到的浓度就是 $10^7 \sim 10^8$ 个/毫升，这样的数量级可以确保功能菌在起跑线上具有明显优势，同时避免杂菌的干扰。如果功能菌数量远远超过杂菌，那么杂菌就几乎没有机会繁殖并影响发酵过程。因此接种的时候一定要使用活菌。

判断发酵是否成功需要依据菌落的数量，因为只有功能菌能够有效地分解枯饼中的有机物。在液体发酵培养过程中，经过3～5天的培养，将菌的数量增加至每毫升100

亿个，即从单个菌落增长至 1000 倍的数量，这便是枯饼水肥发酵成功的标志。上述是起始量的保证，也是防控杂菌的一种模式。

四、氧气

在好氧发酵过程中，持续增氧是必不可少的。这是因为随着菌体数量的迅速增加，对氧气的需求也随之增大，这很可能会导致液体中的溶解氧含量下降。就像缺氧时鱼儿会浮出水面一样，菌在缺氧环境下的生长也会受到限制，特别是在发酵的前三天，随着菌落数量激增，此时液体中的氧气消耗特别快，极易出现缺氧状况。因此，在关键的初期阶段，绝不能停止增氧（图 3-12）。初期氧气的变化非常明显，很容易出现氧气限制因子，并且限制因子会限制菌的生长。

图 3-12　污水泵循环跌水曝气充氧模式

在调整了营养条件和环境条件，如添加糖、菌种、生石灰和起爆剂等，以满足功能菌的最佳生长需求之后，必须确保在发酵的前三天提供充足的氧气。连续不断增氧是确保微生物能够充分利用上述条件，快速繁殖并发挥其功能的关键。之所以如此重视氧气和pH的控制，是因为它们直接关系到发酵池中微生物的价值。以一个100吨的发酵池为例，如果发酵液中功能菌的数量达到每毫升100亿，按照市场价格，菌浓度为100亿/毫升的每升菌种价值约40元，1吨菌液的价值就是4万元，那么整个发酵池功能菌的价值可以达到400万元。而且这些微生物一旦被施入土壤，不仅能帮助土壤松土，还能在不动土的情况下促进土壤生态的改善，所以初期的环境是需要持续关注的。

五、pH

pH对微生物生长的影响至关重要。在发酵过程中通常将pH调节至约7.0，以适宜大多数微生物的生长。

在发酵的前三天，为了确保微生物能够快速生长，必须保证微生物处于最舒适的生存状态。这意味着每天至少两次监测并调整pH，以确保微生物能在最佳环境中生长。

上述方法比较粗放，但在发酵工业中，微生物的培养通常涉及实时监控和调节pH。在现代化的发酵工厂中，大型发酵罐通常配备有自动补料系统，能够根据pH的实时变化自动补充酸或碱，以维持pH的稳定。例如，如果pH下降超过预定范围，系统会立即补充碱或酸来调整

pH，确保微生物生长的最佳条件。虽然发酵过程中早晚监测一次并及时调整 pH 的方式相对粗放，但是也能达到需要的效果。

六、温度

对于枯饼水肥发酵来说，适宜的温度范围是 21～35℃。在这一温度区间内，微生物的生长速率较快，从而加速了枯饼的分解过程，通常在 3～5 天内即可完成发酵。

并且，发酵所需的时间可以根据温度来调整。温度对微生物的生长速度有直接影响。在温度较低的情况下，如在 13～21℃范围内，发酵时间可能需要延长至 5～7 天，以确保微生物有足够的时间分解枯饼中的有机物质。

七、发酵时间

发酵周期的确定还可以依据微生物的生长曲线来进行。在发酵的前三天，微生物通常会进入对数生长期，这是微生物生长最快的阶段，表现为数量迅速增加，生长曲线呈现陡峭上升。这个阶段过后，微生物进入稳定期，此时生长速度放缓，维持大约两天时间，以完成剩余的分解过程。随后，为了终止发酵过程，可以切断氧气供应，防止微生物继续繁殖。如果任由微生物继续生长，它们将进入衰亡期，此时由于营养物质耗尽或环境条件恶化，部分微生物会启动自我分解的机制进行自我毁灭。不过芽孢杆菌类在条件不适合时会形成孢子保存下来，就像休眠一样进行自我保护（图 3-13）。这就是强调用芽孢杆菌作为功能菌，而其他类型菌不合适的原因。例如酵母菌，一旦碰到恶劣条件就会自己死亡。酵母菌会把自己溶解，具体方式为产生小分子物质，把细胞膜溶透，然后死亡。而芽孢杆菌在恶劣环境会形成芽孢进行保护，在合适的环境条件又可以激活和萌发。因此，选择芽孢杆菌作为功能菌具有显著优势。芽孢杆菌不仅在水肥和堆肥中表现出色，而且在土壤中也能发挥重要作用。

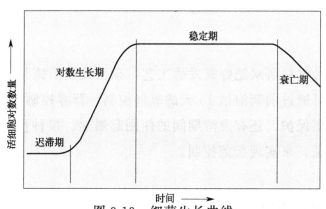

图 3-13　细菌生长曲线

八、起爆剂

起爆剂是由 0.1% 的硫酸铵、0.2% 的硫酸镁、0.2% 的磷酸二氢钾、0.2% 的氯化钠组成的。

其中氯化钠的加入与发酵过程中使用的一种特定功能菌——纳豆芽孢杆菌密切相关。这种细菌在生长过程中需要盐分，因为它能够产生聚谷氨酸，而氯化钠正是这一过程的重要营养来源。如果使用的是含有纳豆芽孢杆菌发酵专用的复合菌种，那么在配方中加入氯化钠是非常必要的。而对于其他类型的菌种，如果这些菌种的生长不需要额外的盐分，那么氯化钠则可以省略。

第六节　枯饼发酵过程杂菌控制

针对枯饼水肥好氧发酵工艺，杂菌控制措施是有必要的。可通过前期泡枯 15 天的氧气控制、营养控制、pH 控制三层保护，还有发酵期间的使用起爆剂、接种量、生防菌保证，来实现杂菌控制。

一、氧气控制

在泡枯的初期阶段，通常持续约 15 天，通过厌氧控制来限制微生物的生长。这一阶段，需要避免搅动，以维持缺氧的环境，从而控制微生物的类型和数量。即便在需要搅动的情况下，也要确保搅动设备完全浸没在水中，避免空气进入，以保持厌氧状态。

尽管某些微生物需要氧气进行快速繁殖，但在厌氧条件下，可以不用过于担心厌氧菌的出现。因为在厌氧的环境下，厌氧菌的数量通常非常有限，对发酵过程影响微乎其微。

二、营养控制

营养控制主要指的是对碳源的控制。在泡枯的初期阶段，不用添加任何碳源，这样做相当于暂时切断了微生物的营养来源。碳源是微生物生长的关键营养素之一，缺乏碳源会导致微生物的生长受到限制，从而在这个阶段抑制微生物的活性和繁殖。

三、pH 控制

在泡枯阶段，pH 通常维持在较低水平（5.0 左右），有时鱼蛋白的 pH 可能达到 7.0。在这种 pH 条件下，杂菌可能更容易生长，导致发酵物料发臭。为了避免这种情况发生，需要通过调节 pH 来控制杂菌的生长。

四、使用起爆剂

起爆剂的使用是促进菌种快速生长的第一步。在初始阶段不添加起爆剂，因为此时的配方可能尚未满足菌种生长的最优条件。但在接种后，需要通过添加起爆剂等方法，使营养条件和环境条件达到所需功能菌的理想状态，来创造一个有利于目标菌种生长的最佳环境，同时也能达到抑制杂菌的效果。

五、接种量

接种量的初始菌数量要达到 $10^7 \sim 10^8$ 个/毫升，在泡枯初期，菌的数量可能仅有 10^5 个/毫升，若能达到 10^6 个/毫升，则已经相当可观。相较于起始时的低数量，接种后的菌种数量可能增加至原来的 10 倍或 100 倍，则在发酵初期功能菌就已经成为了优势菌，也减少了杂菌的生长机会。

六、生防菌

在发酵过程中，引入具有生物防治功能的微生物是控制杂菌的重要策略。例如，配合使用解淀粉芽孢杆菌这类具有生防作用的菌种，能够帮助抑制其他有害微生物的生长。

第七节　枯饼发酵终点判断与检测

针对枯饼水肥发酵终点，可以简单直接地按时间来判断，但是严格来说是有其他判断标准的。

一、菌数

当发酵液体中的微生物数量达到 10^{10} 个/毫升时，可以认为发酵过程已经完成，此时应当停止增氧。这一数量的微生物表明枯饼中的大分子物质已被分解得相当充分。

二、pH

如果发酵液体的 pH 保持稳定，通常意味着发酵过程可以结束。pH 稳定表明枯饼的分解接近完成，微生物活动产生的新酸或碱减少，不再引起 pH 的显著变化。此时，营养基本分解殆尽，菌量也达到了峰值，之后几乎不再繁殖。

三、外观和气味

发酵液的泡沫减少可以作为发酵接近终点的一个迹象。泡沫的产生与液体中的油分含量有关。为了控制泡沫，可以添加少量的植物油作为消泡剂。在发酵过程中，若原料过多，可以添加万分之五左右的植物油（如豆油）

作为消泡剂，以避免发酵后泡沫溢出。

同时，发酵液的气味变淡也是一个发酵即将结束的信号。增氧过程中气味会减轻，而厌氧条件下可能会产生一些硫化氢之类的气体而散发臭味。值得注意的是，不产生臭味的发酵过程可能意味着菌量不足或功能菌未能有效生长。发酵液产生臭味以后，可以等发酵结束后，在原液中加入千分之五左右的生化黄腐酸钾来遮盖臭味。

四、温度和时间

根据环境温度来确定发酵时间，并确定发酵是否结束，可参考以下参数。

环境温度：13～20℃，发酵 5～7 天；

环境温度：21～35℃，发酵 3～5 天。

第八节　发酵液储存与激活

一、发酵液储存

如果果园中发酵液一次使用不完，可以将其妥善储存。储存时通常无需继续增氧，发酵液可以保持 6～12 个月的有效期，甚至可以保存一年。储存期间可能会产生一些气味，但这并不影响储存质量。关键在于保持微生物的活性，它们在储存过程中会进入休眠状态。

二、发酵液激活

储存后的发酵液在使用前需要重新激活。激活过程包括提前 1～2 小时搅动和增氧，以唤醒其中的微生物。一旦增氧，孢子会从休眠状态中苏醒，恢复活性。如果停止增氧，孢子会因环境条件不适宜而重新进入休眠状态，这就是芽孢杆菌等微生物的优势。

完成稀释的发酵液应尽快使用，最好在一周内使用完毕。如果稀释液存放时间过长，可能会导致液体表面出现绿色藻类。因此，应确保及时使用，以避免这种情况的发生。

第九节　枯饼水肥渣的二次发酵技术

二次发酵只需要三天。二次发酵在初次发酵完成后进行，此时液体部分已被全部使用，而残留的固体部分（渣）仍可用于进一步发酵。在进行二次发酵时，向发酵池中添加相当于初次发酵水量60%～80%的水。

例如，初次发酵使用了100吨水，那么在二次发酵中应添加60～80吨水。起爆剂和葡萄糖的使用量应保持正常比例。由于初次发酵后的环境中杂菌数量较多，因此在二次发酵过程中无需额外添加菌种，这样做已无实际意义。在添加了适量的水、起爆剂和葡萄糖后，直接进行增氧处理，持续三天，即可完成二次发酵过程。二次发酵完成后，所得发酵液体的使用稀释倍数应与初次发酵时相同，以确保一致的应用效果（图3-14）。

图3-14　枯饼水肥渣的二次发酵过程

第十节　枯饼水肥成品特性及复配技术

枯饼水肥发酵完成后，其特性至关重要，因为了解这

些特性是正确使用和发挥其效用的基础。枯饼水肥的发酵
过程主要依赖于微生物，尤其是具有多种复合功能微生物
的作用。

　　枯饼水肥发酵过程中使用的微生物种类会影响最终产
物的特性。总体来说，枯饼水肥发酵通常会包含多肽、寡
肽、小肽和氨基酸等成分，这些都是通过蛋白酶的作用分解
枯饼中的大分子蛋白质得到的。

　　发酵后的枯饼水肥具有更好的水溶性，这意味着其养
分可以溶解在水中。此外，发酵过程中还会生成多种酶，
比如蛋白酶，它们在分解枯饼中的有机物质中起着关键
作用。

一、有机养分含量

　　有机养分中的氮、磷、钾，最需要关注的是氮含量。
在泡枯过程中，通常按照 10∶1 的比例进行，即 10 吨水
对应 1 吨枯饼。若将这些养分完全释放并稀释 10 倍，例
如将豆粕中的氮含量完全释放，其浓度为 0.7%，进一步
稀释 10 倍后用于浇灌的浓度为万分之七，稀释 20 倍浇灌
的浓度为万分之三点五。然而，由于部分养分未能完全释
放，实际浓度可能会有所降低。

　　发酵液中的氨基酸含量一般在 1%～5%，有机酸的含
量则一般在 0.8%～3%。这些成分，连同一些无机养分，
构成了枯饼水肥的主要养分。在使用发酵好的原液时，通

常建议稀释 10～20 倍。其中的氮、磷、钾可以根据稀释倍数直接计算，实际值一般会比理论值偏低，这可以作为整个成品养分的一些指标参考。稀释后的枯饼水肥是一种偏高氮型肥料、偏有机和氨基酸型肥料。

在施肥时，特别是在作物转色期（如 9 月份以后），应谨慎使用枯饼水肥。因为枯饼水肥的肥效较长，且含有较高量的微生物，可能会影响作物的着色和口感，使得转色过程变得困难。以赣南脐橙为例，立秋之后果园通常不再使用枯饼水肥，其主要在上半年使用，以确保作物能在生长季节获得适宜的营养供给。

二、功能菌含量

发酵液中含有大量的功能菌，菌体浓度可达到 10^{10}～10^{12} CFU/毫升，这一数量级的功能菌是通过精心培养后得到的。当使用发酵好的原液时，通常会按照 10～20 倍的比例进行稀释，稀释后的肥水中含菌量可达到 10^9～10^{11} CFU/毫升。这样的菌量不仅显著高于市场上常见的菌剂产品，而且当这些稀释后的液体肥料施用于土壤后，能够迅速在土壤微生物群落中占据优势。

三、复配技术

枯饼水肥的复配关键在于无机肥的补充，以"无机＋

有机＋微生物"的模式进行复配。复配步骤如下：根据发酵水肥中的氮、磷、钾含量进行估算，例如，每 0.5 千克枯饼的养分含量为 8％～10％。在发酵原液池中稀释 10 倍后，养分浓度降至 0.8％～1％。进一步稀释至 10～20 倍用于浇灌时，养分浓度降至 0.04％～0.1％，这通常不足以满足作物对氮、磷、钾的需求，因此需要额外添加无机肥料。

针对不同的物候期，可以选择相应的复合肥进行调整。一般使用通用型的功能菌，再根据作物需肥的特点不同，用不同的复合肥去调配。用高氮高钾、高氮中磷中钾、低氮中磷高钾这种模式去调配，来满足果树不同物候期对养分的需求。在作物需要大量氮元素时，添加高氮型的复合肥；需要促进新梢成熟时，添加高钾型的复合肥。花期前施肥，以高氮为主；花期后施肥，以平衡型肥为主；果实膨大期施肥，以高氮高钾肥为主，这是施肥设计的关键。此外，还有中量元素的复配和微量元素的复配。

四、螯合技术

在复配枯饼水肥时，通常需要关注中量元素和微量元素的螯合问题。大量元素不存在螯合的问题，例如氮、钾都不会发生沉淀，磷虽然会和金属元素发生沉淀，但也不需要和枯饼水肥进行螯合。在复配时，要保护磷或微量元素，这样才能有效地提高吸收利用率。中微量元素，像钙、镁、铁、锰、铜、锌、钼等阳离子是需要螯合的，因为其会和磷酸根发生结合，产生沉淀。

表 3-4 展示了一些微量元素的丰缺程度，一般微量元素在 0.05% 左右的浓度是比较合适的，而中量元素如硫酸镁的添加量约为 0.1%。

表 3-4　微量元素的丰缺程度

微量元素	丰缺程度/10^{-6}				
	很低	低	中等	高	很高
硼	<0.25	0.25~0.5	0.51~1.0	1.01~2.0	>2.0
铁		<5	5~10	>10	
锌	<0.5	0.5~1.0	1.0~2.0	2.0~5.0	>5.0
锰	<50	50~100	101~200	201~300	>300
铜 DTPA	<0.2	0.2~0.5	0.5~1.0	>1.0	
钼	<0.1	0.1~0.15	0.16~0.2	0.21~0.30	>0.30

注：铜 DTPA 指铜与二乙烯三胺五乙酸（DTPA）形成的配合物。

螯合微量元素带来的好处如下：微量元素浇到土壤中以后可能会和磷酸根发生结合，产生沉淀，形成类似于固态的磷肥，比如磷酸钙、磷酸铁等很稳定的沉淀。此时如果要被作物吸收，要通过解磷菌的作用，或者酸溶释放出来。而螯合这些元素可以提高利用率，解除拮抗，保护微量元素，避免与磷酸根接触。

螯合需要严格按照螯合工艺来执行：①温度一般在 20℃以上；②螯合时间大于两个小时；③螯合 pH 在 6.0~7.0 之间，④氨基酸和微量元素螯合的比例为 2∶1。如果进行螯合，用 0.1% 的钙或者 0.1% 的镁，添加到稀释池的枯饼水肥中，搅动两个小时以上，即可以完成螯合。

在螯合的过程中一定要注意：配大量元素、中量元素、微量元素是有顺序的。先加入中、微量元素至枯饼水肥，螯合两个小时以上；然后再加入大量元素，最后加磷。大量元素的加入步骤非常关键，要最后一步加，而不是先加大量元素再加微量元素，不然可能导致螯合失败（图 3-15）。

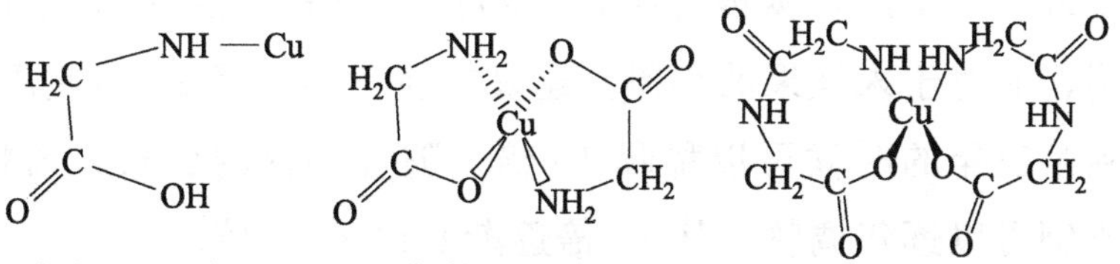

铜氨基酸络合物　　铜氨基酸螯合物　　　　铜小肽螯合物
　（1甘氨酸）　　　　（2甘氨酸）　　　　　（4甘氨酸）

图 3-15　元素的螯合

五、枯饼水肥用法

如果想正确使用枯饼水肥，首先需要了解其特点。枯饼水肥是一种结合有机物料和微生物的肥料。有机成分主要来源于高蛋白质的原料，如花生枯、菜枯和豆粕等。这些原料在微生物的作用下被分解，转化为有机酸、多肽和氨基酸等小分子营养物质，这些小分子形式的有机物有利于植物吸收。此外，在发酵的过程中可以培养出大量的功能菌，在发酵结束后至少能达到 100 亿/毫升以上的菌。

在使用枯饼水肥时，通常需要将其稀释 10～20 倍，这样的稀释比例意味着有机养分的含量大幅降低。如果是经过二次发酵的产品，它的养分相对来说也是比较低的。虽然稀释后的枯饼水肥中有机养分的浓度相对较低，但其氨基酸的含量仍然可以达到 0.05%～0.1%，足以满足植物的需求，再配合复合肥进行使用，就可以达到理想的效果。

"无机＋有机＋微生物"的施肥技术是一种综合施肥方法，在这种技术中，有机部分主要通过使用枯饼水肥来实现。对于成年树或挂果树，枯饼水肥通常稀释 10 倍使用，而对于未挂果的小树，建议在前三年稀释 20 倍使用，到第三年的时候可以稀释 10 倍。随着小树的成长，稀释比例可以逐年调整，从 20 倍逐渐变化至 10 倍。

在施肥过程中，无机肥料例如高氮高钾型复合肥的添加量也需精确控制。复合肥的用量是稀释后枯饼水肥的 0.3%～0.5%。上述复合肥的用量不多，但通过合理的施肥策略，例如在关键生长期（如壮果时期）采取连续施肥的方法，可以确保植物获得充足的营养。具体做法是在初次施肥后，隔 5～7 天再次施肥，以增强壮果肥的效果。

枯饼水肥的使用时机与果树的物候期和需肥规律息息相关，所以必须首先理解施肥的目的、数量和类型，以确保合理施肥。施肥的原因在于果树在特定生长阶段，如新梢生长、开花等物候期，对养分的需求显著增加，甚至土壤本身的肥力无法满足这些需求，这时就需要通过追肥来进行补充。

每个物候期来临的时候，都要考虑浇肥现象，树一旦缺乏营养会直接表现出缺素、果子小、叶片小、不长梢等症状。

其实症状出现的时候进行防治已晚，所以浇肥的时间需要预判，比如出梢时、萌芽时、开花时、果子膨大时都是树需要用肥的表现，这时就要及时施肥。每个物候期因为土壤营养供应不充足，所以必须人为浇肥才能解决问题。

施肥的种类和果树的物候期特征是息息相关的。在上半年，尤其是开花和新梢生长的时期，果树对氮的需求较高。因此，这段时间应优先使用高氮型肥料，以支持新梢的生长和花朵的开放。在这个阶段，果树需要大量的氮来支持其营养生长，高氮复合肥的补充就显得尤为重要。在稳果期，如果观察到叶片出现失绿或其他缺肥症状，应考虑使用平衡型复合肥或中微量元素肥料，即使用无机肥料结合枯饼水肥来提供更全面的营养。对于壮果期，需要同时补充氮和钾，通常会选用高氮高钾型复合肥，以促进果实的健康成长。果树在不同物候期对肥料的需求各有侧重，这反映了果树营养生长和生殖生长之间的差异，也导致了其对肥料吸收的差异。

对于幼树，施肥策略相对简单，主要是为了促进新梢的生长和树冠的快速扩张。理想情况是让幼树在一年内长出 3~4 次新梢。每次新梢生长期间，通常需要施用两次肥料。第一次以高氮型肥为主，芽点刚开始萌动时或者萌动前，浇一次枯饼水肥加高氮型复合肥；第二次以高钾型肥为主，小树开始长叶时，会用一些高钾型复合肥，即枯饼水肥加高钾型复合肥，促进梢老熟。这种"一梢两肥"的方法是管理幼树时的常用策略，确保了幼树在关键生长期能获得充足的营养，为其未来的健康成长打下坚实的基础。

确定枯饼水肥的使用量是果树管理中的一个重要环节。以挂果 50 千克的大树为例，每次施肥时枯饼的干重用量大约为 0.25 千克。在果实壮果期，这个量可能需要增加到 0.5～0.75 千克，以满足果实发育的额外营养需求。在促进春季新梢生长和花期时，建议使用 0.25 千克干枯饼。稳果期同样推荐使用 0.25 千克干枯饼。而在果实壮果期，用量则增至 0.75 千克。对于采后恢复期（月子肥），则大约使用 0.25 千克干枯饼。综合来看，一棵成年树一年需要使用 1.5 千克左右的枯饼。这些用量是枯饼的估算值，要对应地换算出复合肥的用量。在实际应用中，枯饼水肥在使用之前通常需要先进行激活处理，这个过程需要 2～3 个小时，目的是唤醒其中的微生物，使其活性增强，之后再进行稀释并浇灌。

确定适宜的浇施水肥量是确保根系有效吸收养分的关键。理想情况下，水肥应渗透到土壤 20～30 厘米处，这正是大部分根系集中的区域。通过确保水分到达这一深度，可以加快根系对养分的吸收，同时减少肥料的浪费，从而实现高效施肥。施肥策略遵循"无机＋有机＋微生物"的模式。通过使用发酵枯饼水肥，为植物提供了丰富的有机质和有益微生物。在此基础上，适量添加复合肥，可以进一步补充植物所需的无机养分。由于枯饼水肥和微生物的作用提高了肥料的整体利用率，因此复合肥的使用量可以适当减少，而不会牺牲肥效的持续时间。

第四章
堆肥发酵技术

第一节 堆肥简介

堆肥技术是一种成本效益极高的技术。相较于市场上价格不菲的优质有机肥料，自制堆肥可以显著降低成本。而掌握堆肥技术就是制作优质有机肥料的关键。

一、堆肥定义

欧洲对堆肥的定义是利用一些有机废料进行组合，通过微生物的分解、发酵、矿质化、腐殖化、无害化，产生水溶性养分的过程。所以堆肥是利用微生物，对有机废物进行腐熟而形成肥料的过程。

二、微生物是堆肥的核心

堆肥过程的核心在于微生物的作用。堆肥本质上是一种微生物发酵过程，因此，了解并优化微生物的生长和繁殖条件对于掌握堆肥技术至关重要。为了确保微生物能够有效地进行这一转化过程，必须提供适宜的营养和环境条件（图 4-1）。

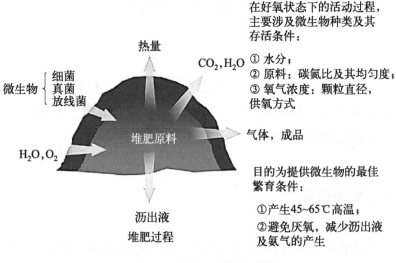

图 4-1　堆肥过程示意图

微生物的营养需求包括碳源、氮源、无机盐、生长因子以及水——这五大要素是微生物生长的基础。确保这些营养要素的充足供应，是堆肥成功的关键。除了营养条件，微生物的生长还受到环境条件的影响，其中 pH、温度和氧气供应是三个主要的环境因素。通过控制和优化这些环境条件，可以为微生物提供一个良好的生长环境，从而促进堆肥过程的顺利进行。

从图 4-1 中可以看出，通过微生物分解产生的二氧化碳、水分，散发的热量、渗滤液等，都是微生物进行反应的产物。在堆肥发酵过程中最直接的一个表现是温度变化，在堆肥的过程中，通常需要用工业温度计监测温度，这也能间接地测量出微生物的活跃程度（图 4-2）。

图 4-2　堆肥温度变化反映出微生物活跃程度

堆肥过程中的温度是评估微生物活跃度的一个重要指标。微生物在分解有机物质时会产生热量，从而提高堆肥的温度。因此，较高的温度通常意味着微生物活动旺盛，这也是堆肥成功的重要标志。如果堆肥温度没有显著上升，这表明微生物的活动可能受到了限制。在这种情况下，需要检查堆肥的营养和环境条件。首先要检查的是营养供应是否充足，包括碳源、氮源、无机盐、生长因子和水分是否已经满足条件。一旦营养条件得到确认，接下来需要评估环境因素，例如氧气供应是否充足，以及 pH 是否适宜微生物生长等。通过逐一检查上述因素，可以明确堆肥过程中可能存在的问题，并采取相应的措施进行调整。

三、判断有机肥优劣的标准

有机肥料的质量优劣可以通过其支持微生物生长的能力来评判。微生物的活动对于有机肥料中养分的释放至关重要，因为只有通过微生物的分解作用，养分才能被植物根系有效吸收。因此，优秀的有机肥料应当能够促进微生物的繁殖和活动。在堆肥初期，原料通常保持其原始颜色，但随着堆肥过程的进行，经过微生物的作用，原料会逐渐转变为深褐色（图 4-3）。这一颜色变化伴随着物料的疏松化，以及释放出泥土气味，这种气味通常是由放线菌

图 4-3　堆肥物料变成深褐色、质地松散、有泥土味的物质

活动产生的。如图 4-4 所示的条垛式堆肥模式是一种有效的好氧堆肥方法，它通过条垛的形式，使得氧气能够充分渗透到堆体内部，提供必要的氧气供应。

图 4-4　农场条垛式堆肥模式

第二节　堆肥的原理

堆肥本质是围绕微生物的活动展开的。堆肥过程大致可分为两个主要阶段：高速阶段和腐熟阶段。在高速阶段，微生物迅速分解易分解的有机物，释放能量和营养；而在腐熟阶段，剩余的难分解有机物继续被微生物分解，最终转化为稳定的有机肥料（图 4-5）。

一、堆肥温度变化的四个阶段

堆肥过程温度的变化可以分为四个阶段。首先进入潜

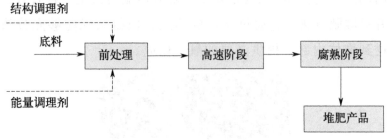

图 4-5　堆肥过程图

伏阶段，此时加入的微生物刚开始适应环境，因此温度变化不明显。随后进入中温阶段，微生物开始活跃并产生热量，导致温度上升。接下来是高温阶段，温度可能升至 50℃、60℃、70℃，甚至超过 80℃ 的高温。此阶段中，一些耐热的微生物能够存活，而不耐热的微生物则无法生存。这一高温环境有助于杀灭堆肥中的虫卵、病原菌等有害物质（图 4-6）。

图 4-6　堆肥温度变化监测

高温阶段是一个物料消毒的过程，例如畜禽粪便中含有的肠道微生物大肠杆菌、沙门菌等这些有害菌，全部是靠高温将其消杀。经过这一阶段，能够存活的微生物通常是耐高温的种类和能形成芽孢的细菌，这些微生物能够在极端条件下存活，而其他微生物则会死亡。

随着高温阶段的结束，堆肥过程将进入降温阶段，也被称为腐熟阶段。在这一阶段，堆肥的温度将不再显著升高，而是逐渐降低。尽管温度可能仍然维持在 40～50℃，但已不再处于之前的高温状态。腐熟阶段是堆肥中难分解物质（如木质素）进一步分解的关键时期。然而，这一阶段的持续时间较长，对于实际应用来说可能不太实际。因此，一旦堆肥经历了高温阶段，大部分有害生物已被消除，堆肥便已足够成熟，可以安全地用于农田（图 4-7）。

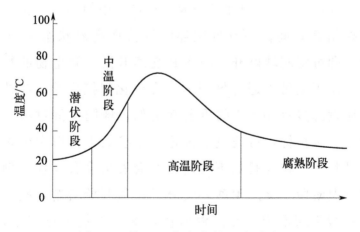

图 4-7 堆肥温度变化的四个阶段

二、半腐熟堆肥发酵工艺

本章介绍的堆肥发酵工艺采用半腐熟发酵方法，这种方法允许堆肥在经历了高温期之后即可投入使用，关键在于确定堆肥何时通过高峰期。通常来说，如果堆肥能连续维持在 50℃ 以上的高温大约 10 天，那么此时已经达到可使用的状态。在这连续的 10 天高温期间，堆肥中的病原菌和虫卵将被有效杀灭，同时前期的营养物质也得到分解，这意味着堆肥的消毒和初步分解过程已经完成。随后，堆肥可以进入田间，其剩余的腐熟过程将在土壤中自然进行（图 4-8）。

半腐熟发酵工艺是一种高效且节省时间的方法，整个过程需要 2～3 周即可完成。在堆肥中使用时，关键在于控制好时间。一旦堆肥连续维持在高温状态大约 10 天，即可将肥堆摊开，防止其继续升温。微生物的数量和活跃程度可以通过堆肥的温度变化间接反映。与枯饼水肥发酵过程中 pH 的重要性类似，堆肥发酵过程中温度是关键指标，可通过监控这两个参数来了解微生物的活动状态。在堆肥的不同阶段，会发生多种反应。例如在升温阶段，会产生酸，大分子物质开始溶解，氨气和腐殖酸逐渐形成；在高温阶段，微生物数量迅速增加，随后进入减速期，此时聚合物开始进一步分解。在整个微生物生长和繁殖的过程中，物料逐步分解，有机酸产生，大分子物质转化为小分子物质，最终通过微生物的作用合成腐殖酸。

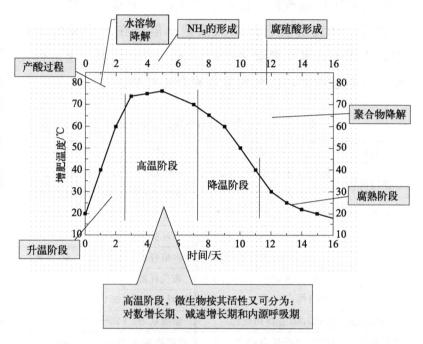

图 4-8　堆肥过程中新物质的形成变化

三、堆肥高温的作用

1. 杀灭病原菌和寄生虫

病原菌和寄生虫的致死温度是堆肥过程中需要特别关注的关键点（表 4-1）。例如，沙门菌这类有害微生物在 60℃的温度下，只需维持 15～20 分钟即可被完全消灭。

整体来看，杂菌最高能承受的温度和时间，大概是 60℃ 以上维持 10 天。这样可以确保所有病原菌、虫卵和草籽等潜在的有害因素被彻底消除。堆肥的一个显著优势在于其能够通过高温阶段有效杀灭杂菌。但是在水肥发酵过程中，由于无法利用高温来控制杂菌，因此必须迅速进行发酵，并通过增加功能菌的数量来获得优势。

表 4-1　一些常见病菌与寄生虫的致死温度

名称	死亡情况	名称	死亡情况
沙门菌属	56℃,1 小时内死亡;60℃, 15～20 分钟死亡	鞭虫卵	45℃,60 天死亡
		血吸虫卵	53℃,1 天死亡
志贺杆菌	55℃,1 小时内死亡	蝇蛆	51～56℃,1 天死亡
大肠杆菌	绝大部分,55℃,1 小时死亡;60℃,15～20 分钟死亡	霍乱弧菌	65℃,30 天死亡
		炭疽杆菌	50～55℃,60 天死亡
阿米巴原虫	50℃,3 天死亡;71℃,50 分钟内死亡	布氏杆菌	55℃,60 天死亡
		猪丹毒杆菌	50℃,15 天死亡
美洲钩虫	45℃,50 分钟内死亡	猪瘟病毒	50～60℃,30 天死亡
流产布鲁氏菌	61℃,3 分钟内死亡	口蹄疫病毒	60℃,30 天死亡
酿脓链球菌	54℃,10 分钟内死亡	小麦黑穗病菌	54℃,10 天死亡
化脓性细菌	50℃,10 分钟内死亡	稻热病菌	51～52℃,10 天死亡
结核分枝杆菌	66℃,15～20 分钟内死亡	麦蛾卵	60℃,5 天死亡
牛结核杆菌	55℃,45 分钟内死亡	二化螟卵	55℃,3 天死亡
蛔虫卵	55～60℃,5～10 天死亡	小豆象虫	60℃,4 天死亡
钩虫卵	50℃,3 天死亡	绕虫卵	50℃,1 天死亡

2. 防控杂菌

在某些情况下，因为难以控制杂菌生长，使用沼液发酵枯饼是不被推荐的。在堆肥过程中，菌群首先需要适应初始阶段的环境。随后，菌群结构会发生一系列变化。在整个发酵过程中，包括细菌、酵母菌和放线菌在内的多种微生物参与其中。然而，一旦温度升高，只有耐高温的菌株能够存活，而不耐高温的菌株则会死亡。这些死亡的微生物往往是因为自身代谢产生的热量未能及时散发，温度过高导致死亡。因此，在堆肥过程中需要适当地堆积物料。如果物料过于分散，将无法达到足够的温度；同样，如果堆体过小，也难以产生足够的热量，从而无法实现杀菌效果。

3. 堆肥高温功能菌

对于嗜温的、耐高温堆肥的功能菌，通常可以在温度较高的堆肥堆中寻找样品进行筛选。可以通过将样品暴露于85℃的高温环境中培养来筛选耐高温菌，这样处理会杀死大多数不耐高温的微生物，而耐高温的菌株则能够存活。通过这种模式筛选高温菌，然后再将其应用到堆肥中。耐高温菌有两种生存模式，一种是直接在60~70℃的高温下存活，不会死亡；另外一种是高温下进入休眠状态，形成孢子，如芽孢杆菌，当温度降低后，孢子能够重新活化，恢复生长。

在堆肥过程中，能够耐受高温的微生物大部分都可以产生孢子，如放线菌、芽孢杆菌等。这些微生物对堆肥的高温阶段至关重要，是堆肥的主力军。堆肥过程中，微生物群落结构会经历从中温菌到高温菌的转变，甚至高温菌也会死亡，只留下形成的孢子。上述菌群变化是由于温度的变化而筛选剩余出来的，随着温度的升高，一些不耐高温的微生物死亡，而耐高温的微生物则会更加活跃，这就是堆肥过程中微生物群落结构的变化。堆肥的核心是微生物，微生物在堆肥中繁殖生长来分解物料，让物料分解成水溶性的小分子，成为更容易被吸收的养分。在堆肥的过程中，微生物还会发生一些其他变化。综上，想要成功制作好堆肥，就要了解菌的营养条件和环境条件，从而优化配方，调控堆肥的发酵工艺（图 4-9）。

图 4-9　堆肥起堆、翻堆等过程调控

第三节　堆肥原料来源及特点

制作堆肥过程中使用的原料，最易获取畜禽粪便如鸡粪、鸭粪、鸽子粪和猪粪等。另外，容易获取到的原料还包括秸秆类、粗纤维类，例如木屑、米糠、谷壳、菇渣等。优质原料也包括城市生活垃圾，例如肉类加工厂的废弃物——屠宰废水以及处理后的剩余废料。此外，不含工业废水的城市污泥也可以作为原料使用。

一、如何选择原料

1. 了解原料的基本特性

选择堆肥原料前要清楚原料的基本特性。首先是原料的安全性。原料中的重金属，例如镉绝对不能在原料中出现。其次，还需要考虑原料的产业化和商品化特性，比如原料的稳定性和养分参数。有些原料的氮、磷、钾含量较高，如鸡粪、鸽子粪、鹌鹑粪等，其氮、磷、钾含量能达到10％。菇渣这类原料的氮、磷、钾含量相对较低，只能达到2％～3％，而纤维的氮、磷、钾含量更低。

2. 搭配原料

在搭配原料时，需要了解原料的养分指标和腐熟速度。可选择的原料很多，包括畜禽粪便如牛粪、羊粪、马粪；饼粕类；城市污泥以及城市生活垃圾等。同时，还要考虑原料的运费问题。建议尽量选择距离较近的原料，如200千米以内的范围，以降低运输成本，避免出现运费高于原料成本的情况。

二、原料类型及评价

表 4-2 根据原料的种类、名称、来源以及评价进行分类。同时在表中会涉及容易腐熟、不容易腐熟的、比较容易腐熟的、养分低的、养分高的、养分中等的不同原料。该表可用于选择原料时参考，例如作物秸秆类原料属于植物源原料；畜禽粪便类原料属于动物源原料；食品加工副产物如甘蔗渣、啤酒渣、酱油渣等也可以作为原料；木薯较多产的地区可以选择使用木薯渣作为原料。

表 4-2　堆肥原料类型及评价

原料种类	原料名称	主要来源	评价
作物秸秆	稻秸、麦秸、油菜秸等	水稻、小麦、油菜	易腐熟、养分低
	棉花秆、黄豆秆等	棉花、黄豆	不易腐熟、养分偏低
	花生藤、红薯藤等	花生、红薯	易腐熟、养分偏低
	玉米秸等	玉米	较易腐熟、养分偏低

原料种类	原料名称	主要来源	评价
谷物加工副产品	谷壳	稻谷	难腐熟、养分低
	米糠	稻谷	较易腐熟、养分中等
	麦麸	小麦	较易腐熟、养分中等
畜禽粪便	猪粪、牛粪、马粪	养殖业	极易腐熟、养分低
	鸡粪、鸽粪、鹌鹑粪	养殖业	极易腐熟、养分偏高
	羊粪、兔粪	养殖业	极易腐熟、养分中等
食品加工业副产品	甘蔗滤泥、甜菜滤泥	制糖工业副产品	极易腐熟、养分偏高
	甘蔗渣	制糖工业副产品	难腐熟、养分低
	甜菜渣	制糖工业副产品	易腐熟、养分低
	啤酒渣	啤酒工业副产品	养分高
	酱油渣	酱油厂副产品	极易腐熟、养分偏高
	木薯渣	柠檬酸厂副产品	极易腐熟、养分中等
	味精厂废水回收物	味精厂废液	养分高
	麦芽粉	啤酒厂副产品	易腐熟、养分高

在堆肥制作中，物料的腐熟难易程度是一个重要参考因素。通常堆肥会倾向于选择容易腐熟的原料，以加快堆肥的成熟过程。同时，为了确保堆肥过程中微生物活动的有效性，需要合理搭配不同碳氮比的原料。例如畜禽的食物摄入含有豆粕和豆子，所以畜禽粪便类的特点为氮含量较高。因此，畜禽粪便类适合于选择氮含量偏低、有机质含量高的物料来搭配，该搭配属于碳氮搭配，也称为碳氮比调和。

虽然有些宣传可能会引起对使用畜禽粪便的担忧，但只要正确处理和搭配，上述畜禽粪便在实际应用中完全可以放心使用。此外，因为作物秸秆的含氮量比较低，有机质含量比较高，所以作物秸秆可以和畜禽粪便混合在一起进行使用。

城市污泥也是堆肥原料之一，尤其是通过谷壳发酵出来的污泥，它们不仅可用于堆肥，还能改善土壤结构。然而，在使用污泥前必须仔细检查污泥中重金属的含量，以避免不稳定成分对土壤造成污染。一旦重金属进入土壤，就很难被移除，通常需要通过化学方法将其钝化再转为沉淀，减少其潜在危害。

尿素等速效性化肥通常不建议用于堆肥，但在启动发酵堆时，可以适量使用这类无机肥，使发酵堆升温。另外生石灰通常被用于调节堆肥的 pH，以维持适宜的微生物生长环境。

在选择堆肥原料时，成本、碳氮比和运输距离是三个主要考虑因素。原料的选择应基于堆肥的具体条件和要求，即微生物所需的环境条件和原料的最佳配比。通过综合考虑这些因素，可以选择出既经济又高效的原料，以确保堆肥过程的成功并控制堆肥成本（图 4-10）。

图 4-10　堆肥原料搭配

第四节　堆肥初始条件及原料配比

一、碳氮比

在堆肥过程中，若未充分理解碳氮比的重要性，可能会导致原料搭配不当。例如，将枯饼与高氮原料人粪尿混合使用，这种搭配并不适合堆肥发酵。这是因为两者都含有较高氮含量，而缺乏足够的碳源，则会导致碳氮比失衡，从而影响微生物的生长和发酵效率。

1. 堆肥初始碳氮比设置为 25~30

原料的比例搭配在堆肥制作中非常关键，并且需要通过计算来确定。堆肥配方应在计算碳氮比的基础上确定，进而获得各种物料的比例。微生物消耗 25 克有机碳，需要吸收 1 克的氮素。然而，微生物细胞本身的碳氮比大约是 5，因此在 25 克的碳中，只有 5 克碳被用于构建细胞，其余的 20 克碳则在呼吸过程中转化为二氧化碳或其他成分。所以，在堆肥碳氮比设置的过程中，一般将其设定在 25~30。

2. 碳氮比过高

微生物生长需要合理的碳氮比，具体比例为 25：1。碳氮比过高会消耗土壤中的氮，造成土壤缺氮，这种现象被称为"氮饥饿"。因为微生物会与植物争夺土壤中的氮素，所以下肥时有机肥的碳氮比过高，可能会导致果树等植物出现氮缺乏症状。

3. 碳氮比过低

如果堆肥的碳氮比过低，会导致发酵过程缓慢，同时也可能引起树木的旺长（特别是对于挂果树来说），这种旺长是人工难以控制的。一旦遇到雨水，树木就会迅速吸收氮素并生长，因此碳氮比过低同样会导致一系列问题。在发酵过程中，过多的氮素可能会以氨气形式挥发，造成氮损失。有机氮非常宝贵，所以保护氮素就要调整好碳氮比。

合理设置碳氮比是为微生物的营养需求做准备。解决碳源、氮源及碳氮比的问题，就能解决微生物的碳氮营养问题。

二、水分

水分对于微生物的生长至关重要，没有水分，微生物难以生长。例如，晒干的稻谷不易发霉，而在潮湿环境中则容易发霉，这正是因为水分为微生物提供了生长的条件。大多数微生物都没有有效的保水机制，所以其对环境水分的变化非常敏感。当环境水分含量达到 35%～40%时，微生物的代谢活动会下降。如果水分含量降至 30% 以下，微生物的活性会大幅降低，这将导致堆肥难以升温。通常，如果购买的有机肥温度较高，那就意味着其水分含量也较高。相反，如果水分含量降低，微生物的活性就会减弱，堆肥的温度也会随之下降，微生物的生长和活动甚至可能会停止。因此，在堆肥过程中，监测和调整水分含量至关重要。

三、原料粒径

在堆肥过程中，粒径对于解决氧气供应问题至关重要。微生物在堆肥过程中需要氧气进行呼吸作用，适当的粒径大小可以确保氧气有效穿透堆体。如果粒径过小，堆体可能会过于密实，从而阻碍空气流通。例如，将玉米粉与豆粕混合并浸泡后，若其质地黏稠，细小的颗粒就会阻碍氧气进入堆体，从而难以升温。因此，一般推荐堆肥材料的粒径控制在 1.3～7.6 毫米之间，这样的粒径范围有助于保持堆肥的疏松度，从而促进空气流通，确保微生物能够获得充足的氧气，如中药渣等材料因其天然的粒径特性，能够提供良好的疏松度，有助于堆肥过程中的氧气供应。

四、pH

pH 是微生物生存环境中的一个重要参数。大多数堆肥微生物最适宜生长在中性或略偏碱性的条件下，因此，堆肥的 pH 通常调整到 7.5 左右，避免超过 8.0。这些措施是为了创造适宜微生物生长和繁殖的条件。在堆肥过程中，任何参数的调整都应考虑其对微生物活动的影响，以确保堆肥的核心目标，即通过微生物分解原料得以实现。

当堆肥的 pH 出现偏差时，需要采取相应的调节措施。如堆肥偏酸可以使用生石灰调节，偏碱可以用强酸调节，另外也可以用堆肥返料来调节。例如，使用畜禽粪便（如鸡粪）时，pH 可能达到 9.0 或更高，这会导致肥料产生强烈的氨味。在有机肥料厂或堆肥场，如果闻到浓重的氨味，通常意味着堆肥的 pH 过高，使得铵离子转化为氨气并释放出来。

五、堆肥初始条件

初始碳氮比通常设定在 25：1 到 30：1 之间，随着堆肥过程的进行，部分碳素会以二氧化碳的形式挥发掉，碳氮比会发生变化，通常会降至 15：1 到 20：1。

堆肥的其他初始条件主要设定为：水分含量 50%～

60％，氧气浓度大于 5％，粒径 1.3～7.6 毫米，pH 值 6.5～8.0，温度 55～60℃。需要明确的是，设定这些参数的目的是培养微生物，只有微生物才能把堆肥激活，使堆肥完成发酵，所以核心还是围绕着微生物进行。所有的条件设定都是为了满足微生物的需求，为微生物提供理想的营养条件和环境条件。

六、堆肥配方计算

在确定和计算堆肥配方时，关键在于计算碳氮比，也就是碳源、氮源物料的比例。

要计算碳氮比，就要清楚物料里氮和碳的含量。其计算方法是用干重乘以元素含量，如氮的含量就是用干重乘以含氮量，碳的含量就是用干重乘以含碳量。

下面公式是碳氮比的计算方法。原料 a 表示第一种原料，原料 b 表示第二种原料，以此类推，将所有原料的碳重量相加则为总碳重量。同样，将所有原料的氮重量相加，就是总氮重量。将总碳重量与总氮重量相除为碳氮比。其中物料 a、b、c 实际上是使用的物料种类，例如鸡粪、木屑、中药渣等。

$$碳氮比 = \frac{原料\,a\,碳重量 + 原料\,b\,碳重量 + 原料\,c\,碳重量 + \cdots}{原料\,a\,氮重量 + 原料\,b\,氮重量 + 原料\,c\,氮重量 + \cdots}$$

在送样检测原料时，可以检测两个参数：一是总氮含量，二是有机质含量。在计算碳氮比时，需要将有机质换算成碳，即将有机质含量数据除以 1.724 换算成碳含量来计算。

要获得合适的碳氮比，需要倒推计算所需原料的比例。下面的例题是碳氮比的计算过程，也就是各种物料配方的计算过程。

例题：

一堆肥厂以鸡粪为原料，鸡粪水分含量为 70%，为获得良好堆肥效果，需要用 35% 水分含量的锯末进行调节。假定鸡粪的碳氮比为 10：1，氮含量为 6%；锯末的碳氮比为 500：1，氮含量为 0.11%，试确定合适的堆肥配方。

第一步：根据确定的混合物料水分含量，求物料的搭配比例。

如设定混合物料的水分不超过 60%，1 千克鸡粪需要 S 千克锯末；混合物料水分＝（鸡粪中水分重量＋锯末中水分重量）/总重量＝$(0.7 \times 1 + 0.35 \times S)/(1+S) = 60\%$；计算得出：$S = 0.4$。

即每千克鸡粪至少需要用 0.4 千克水分含量为 35% 的锯末进行搭配，才能保证混合物料的水分含量不超过 60%。

第二步：根据上述搭配比例，检验混合物料的碳氮比是否合适。

首先依据下列公式计算两种物料的碳量和氮量：

$$水分重量＝总重量 \times 水分含量$$

$$干重＝总重量－水分重量$$

$$氮量＝干重×氮含量$$

$$碳重＝碳氮比×氮重$$

每1千克鸡粪含：

水＝1×0.7＝0.7千克

干物质＝1－0.7＝0.3千克

氮＝0.3×0.06＝0.018千克

碳＝0.018×10＝0.18千克

每1千克锯末含：

水＝1×0.35＝0.35千克

干物质＝1－0.35＝0.65千克

氮＝0.65×0.0011＝0.00072千克

碳＝0.00072×500＝0.36千克

然后计算混合物料的碳氮比：

$$碳氮比＝(鸡粪碳量＋锯末碳量)/(鸡粪氮量＋锯末氮量)$$

$$＝(0.18＋0.4×0.36)/(0.018＋0.4×0.00072)$$

$$＝17.7$$

计算结果表明，混合物料碳氮比过低，须调整物料比例，增加碳含量即锯末的使用量。

第三步：不断调整锯末比例，每调整一次，都按上述步骤重新计算混合物料的水分含量和碳氮比，直到都符合堆肥基本要求为止。

经过反复计算，本案例的优化结果是每千克鸡粪添加0.6千克锯末，混合物料水分为57％，碳氮比为21。

水分含量＝

$$\frac{原料 a 水分重量＋原料 b 水分重量＋原料 c 水分重量＋\cdots}{所有原料的总重量}$$

这个例题体现了上述计算思路，可以作为一个参考。但是例题中的算法更复杂，不仅计算了碳含量、氮含量，并据此算出了碳氮比和含水量。

该等式是最科学的计算方法，能解决微生物的营养问题、碳源和氮源的问题以及它们之间的比例问题。如果能合理设置碳氮比，后续的果园树体营养管理就会相对轻松；如果原料搭配得不恰当，有机肥搭配得不合适，可能会给果园管理带来诸多困扰。例如，碳氮比过低可能会导致植物旺长；而碳氮比过高则可能导致缺氮，影响树木的生长。因此，一定要合理设置碳氮比，否则可能会影响一年的管理工作。

第五节　堆肥控制基本要素

堆肥配方计算完成后，紧接着就是堆肥的实际操作。这里面涉及几个关键点：堆肥有哪些要素要控制？怎么控制氮的损失？怎么建立条垛式堆肥系统？堆肥过程中怎么去监测？还有一些常见的问题以及堆肥的质量评价。

堆肥物料中的碳和氮已经为微生物提供了必要的营养，而物料中的无机盐则确保了营养的均衡。堆肥物料通常来源于细胞结构，包含了丰富的元素。这使得有机肥与化肥不同，它能够提供更为全面的营养。无论是动物源还是植物源的物料，其中都包含了细胞所需的各种元素，这为微生物的生长提供了全面的营养支持，有助于堆肥过程中有机物的有效分解和转化。因此，堆肥物料的全面营养特性是其重要优势之一，该优势有助于提高堆肥的质量和效果。

在堆肥过程中，一旦物料混合且碳氮比和 pH 调整到适宜状态，堆肥系统便开始自主运作，此时微生物开始发挥其分解有机物的作用。影响堆肥效果的关键因素，同样也是影响微生物生长的重要因素，主要包括水分、透气性和温度三个要素。

一、水分

在堆肥过程中，含水量直接影响微生物的活性和堆肥的效率，因此水分调节至关重要。如果水分含量过高，可能会排挤掉堆肥中的氧气，导致微生物缺氧而无法有效分解有机物，从而使得堆肥升温缓慢。相反，如果水分含量过低，微生物因缺乏必要的水分而生长缓慢，同样会影响堆肥的升温和分解过程。

因此，无论水分过高还是过低，都可能阻碍堆肥的正常进行。当含水量调整到 50%~60% 时，微生物的需氧量和数量都能达到最佳状态，这有助于微生物的快速繁殖和有机物的高效分解。上述含水量范围能够满足微生物对氧气和水分的需求，从而促进其生长和活动，确保堆肥过程顺利进行（图 4-11）。

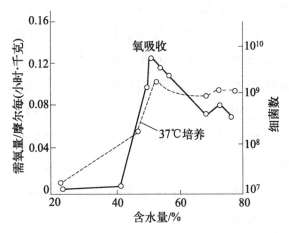

图 4-11　微生物生长和水分、氧摄入量的关系曲线

　　初步判断堆肥物料的含水量，通常可以通过简易的手感测试来进行。用手紧握混合好的堆肥物料，如果手指缝间有水滴出现，但水滴不会自行滴落，这通常意味着物料的含水量在 50％～60％之间。如果水滴从手指缝间滴落，可能表明物料的含水量已经达到了 70％。如果手指缝间没有水滴，可能意味着物料的含水量低于 50％。含水量过高或过低，都需要进行调整。过低可以加水，过高可以加一些含水量低的物料。

二、透气性

　　透气性决定了堆肥是否能满足好氧微生物的氧气需

求，供氧程度可以通过堆肥温度和气味来判断。使用薄膜将堆肥紧密覆盖营造厌氧条件，这种堆肥方式被称为焖堆，也就是厌氧堆肥。厌氧堆肥效率是最低的，而且很容易出现厌氧菌，产生硫化氢气体。所以为了确保好氧发酵，堆肥不应该被覆盖，而是需要定期翻堆，以帮助热量散发并确保发酵均匀。翻堆有助于引入新鲜空气，增加氧气供应，促进微生物的活性。

在专业的有机肥料生产厂中，通常会设计专门的通风系统，通过管道直接向堆肥中鼓风，以增加氧气含量。这种做法类似于枯饼发酵的增氧方法，即在堆肥底部布置通风管道，并使用鼓风机来提供持续氧气，是实现好氧发酵的有效方法。并且良好的通风会促进微生物的代谢活动，从而加快堆温升高，所以不必担心通风会导致堆肥温度下降。

透气性还涉及氧气因素的影响。在堆肥过程中，氧气的供应对于维持好氧微生物的活性至关重要，以确保微生物能够有效地进行有氧呼吸。氧气浓度不应低于10%，如果堆体中的氧气浓度降至10%以下，好氧微生物将面临缺氧问题，而厌氧菌则开始活跃，这可能导致堆肥过程中产生恶臭气味。为了预防这种情况，需要定期翻动堆肥，以确保堆体内氧气的均匀分布。

三、温度

微生物在堆肥过程中发挥着关键作用，微生物的生长与堆肥温度之间存在密切的相互作用。当堆肥条件满足微生物的营养需求和环境条件时，微生物会迅速生长繁殖并进行代谢活动，这一过程会释放出大量热量，从而导致堆肥温度显著上升。如果堆体中的孔隙较大，这些热量会通过孔隙逸出，造成"烧白"现象。在堆肥过程中，如果局部温度过高，有机物质可能会碳化，变成类似木炭的黑色物质，这种现象被称为"烧白"。

在堆肥时，一般堆体温度应控制在 50～60℃之间，最高不要超过 70℃，一旦堆体温度达到 65℃，通常要进行翻堆。一些自动化程度较高的堆肥设施中，会安装温度监测设备，一旦检测到温度超过预设值，就会自动启动鼓风机进行通风散热和增氧，以实现自动化控制。对于果园等户外堆肥环境，需要使用挖机或铲车等机械设备进行翻堆，将物料从一处移动到另一处，以帮助散发热量并进一步拌匀物料。这种方式可以有效地将堆体温度控制在 70℃以下，理想情况下维持在 60℃左右，这一阶段也被称为高温维持期。高温维持期通常需要持续 10 天，在这个阶段，高温有助于杀灭病原菌和寄生虫卵，如蛔虫卵块，从而确保堆肥产品的安全性。

堆肥的周期可以根据条件和堆肥材料的不同而有所变化，最短的堆肥周期可能在两周内完成。一般情况下，堆肥过程可能需要 2～3 周的时间，大多数情况下不会超过这个时间范围。当堆肥的高温维持期结束后，堆体会被摊开以散发热量，此时不再需要升温，堆肥过程也就进入了尾声。在这个阶段，堆肥已经达到了一定的成熟度，可以用于施肥。如果有机肥施用到树下后仍然有热气冒出，人们也许会担忧是否会烧根。但是实际上，一旦肥堆被摊开，其内部的热量很快就会散失，温度会迅速下降，不再具备升温的条件。堆肥起温过程需要特定条件，一旦堆体被摊开，这些条件就不再具备，即使是较小的堆肥体，也很难维持高温，更不用说施入土壤中的少量有机肥料了，因此不会再次升温。至于烧根现象，烧根不是因为温度，而是由于肥料浓度过高，植物根系细胞失水造成的，因此不用过分担忧烧根问题。

在堆肥过程中，温度对微生物生长有显著影响。堆肥初期存在中温阶段，随后可能进入高温阶段。当堆肥温度达到 50℃ 左右时，大多数微生物会难以承受这种高温，在堆肥过程中温度上升到 60~70℃ 时，如果热量不能有效散发，微生物的活性可能会受到抑制，导致升温变得困难。在这个温度区间，嗜热菌仍然能够进行分解活动，尽管它们的生长速度较慢，但可能会导致堆肥温度继续缓慢上升。当翻堆后，温度会因为热量的散失而下降，这为微生物提供了重新活跃的机会。随着微生物活性的恢复，分解作用会再次加速，温度也可能随之上升。因此，通过适时翻堆，可以避免温度过高对微生物活性的抑制，同时促进堆肥过程中有机物的分解。通常建议在堆肥温度达到 65℃ 左右时进行翻堆，这样可以维持一个适宜微生物生长的环境温度（表 4-3）。

表4-3　温度对微生物生长的影响

温度/℃	温度对微生物生长的影响		温度/℃	温度对微生物生长的影响	
	嗜温菌	嗜热菌		嗜温菌	嗜热菌
常温~38	激发态	不适用	55~60	不适用（菌群萎退）	抑制状态（轻微度）
38~45	抑制状态	可开始生长	60~70	—	抑制状态（明显）
45~55	毁灭期	激发态	>70	—	毁灭期

图 4-12 是条垛式堆肥，常用工业温度计监测堆肥温度，这类温度计长一米左右，可以直接插入堆肥堆中，以便实时观察和记录温度变化。

图 4-12　条垛式堆肥过程中温度监测

新购买的温度计在使用前应进行校准，以确保读数的精确性。如果温度计读数不准确，可能会错误评估堆肥状态。例如，有人反映堆肥温度始终无法上升，测量值维持在 50℃左右，但手动检测却发现堆肥内部温度极高。经过校准，发现温度计的灵敏度不足。因此，建议使用已知准确的温度计或标准温度计进行校准，例如将新温度计与标准温度计一同放入水中，比较两者的读数是否一致。这种方法可以校准新温度计，确保其测量结果的可靠性。

为了全面了解堆肥堆的温度，需要在不同位置进行测量：表层、中间和底部。测量这三个点的温度可以评估堆肥的热分布情况和整体发酵状态。理想的高温维持时间是5～10 天，有时预设为 10 天，时间的长短基于使用畜禽粪便类原料的情况。畜禽粪便通常含有较高的养分，如果使用的原料养分含量较低，堆肥温度可能无法维持 10 天，温度会很快下降。相反，如果原料养分含量高，高温期可能持续更长时间，有时可以达到 15 天甚至更久。使用养分含量较高的原料如鸡粪、鸽子粪等，堆肥的温度维持时间通常会比较长。如果使用养分含量相对较低的原料如菇渣或牛粪，堆肥的高温期就无法长时间维持，牛粪的碳氮比较低，在 25 左右，使用牛粪进行堆肥时，高温期就无法持续到 10 天。因此，堆肥温度的维持时间是由物料中的氮、磷、钾等养分含量决定的。了解物料养分含量对于堆肥温度的影响，可以更好地预测和控制堆肥过程。

"时到不等温，温到不等时"是堆肥过程中的一个调控原则，"时到不等温"指的是在堆肥初期，即起堆后的48 小时，无论堆体是否已经升温，都需要进行翻堆。这个操作是为了确保堆肥堆内部的氧气供应和热量分布均匀，即使温度没有达到60～65℃，也需要按照规定的时间节点进行翻堆。这种定时翻堆的做法有助于初期堆体的均匀发酵，促进微生物活动，避免局部厌氧环境的产生。"温到不等时"是指过了48小时进行一次翻堆后，当堆体的温度达到预设的临界值，如60～65℃时，就进行翻堆，而不再等待下一个48小时的周期。即使在上一次翻堆后不久温度再次上升，也应立即进行翻堆，以防止高温对微生物活性的不利影响（图4-13）。

图4-13　土壤温度的测量

在实际的操作过程中，堆肥的翻堆需要考虑到设备的可用性和响应时间，尤其是在果园等非工厂化的环境中，翻堆的及时性可能会受到一定的限制。在果园等地方进行堆肥时，需要提前预约挖机或其他翻堆设备。为了避免设备离开后温度迅速上升，需要与设备操作人员保持良好沟通，确保在温度达到临界值时能够及时进行翻堆。有时即使温度短暂超过70℃，也不一定会对堆肥效果产生负面影响，但应尽量避免长时间高温。在工厂化堆肥中，自动化的翻抛机、带式翻抛机等设备可以根据预设的时间或温度自动进行翻堆，这样可以更精确地控制堆肥过程。这些设备通常由电力或柴油机驱动，能够提高翻堆的效率和堆肥质量。

第六节　堆肥氮素损失与控制

在堆肥过程中，不可避免会损失部分氮素，尤其是有机氮。有机氮是非常宝贵的，其决定着堆肥的品质。枯饼等原料含有较高比例的有机氮，氮的含量通常在6%～7%，并且这些氮素对植物生长和果实品质有着显著影响。因此，应采取措施减少堆肥过程中氮素的损失。而氨气的挥发是氮素损失的主要途径，通常能在有机肥料厂或堆肥场附近闻到氨气的气味，这是氮素损失的明显迹象。

一、堆肥氮素损失途径

解决堆肥过程中氮素损失的问题，是确保堆肥效果和提高肥料价值的关键。如图 4-14 所示，氮素在堆肥中的转化主要包括氨化作用，即有机氮在微生物作用下转化为氨气，随后氨气通过溶解作用转化为铵态氮。硫酸铵也是铵态氮的一种形式，硫酸铵在一定条件下会挥发，释放出氨气，也就是人们在有机肥厂附近常能闻到的氨气味。

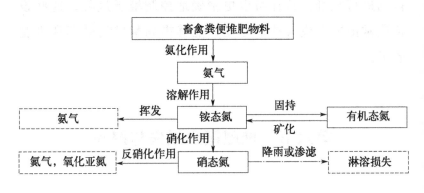

图 4-14　堆肥氮素损失途径

　　铵态氮通过挥发作用转化为氨气而散失是一种损失方式，铵态氮通过硝化作用转化为硝态氮，随后在反硝化过程中进一步转化为氮气挥发是另一种损失方式。此外，降雨导致的淋溶作用或堆肥过程中液体的流失也会带走氮素。尤其是当堆肥产生液体时，这些液体中包含了丰富的小分子营养物质，如氨基酸、铵态氮和硝态氮等。

　　氮素的损失尤其是通过气体形式的损失值得关注。堆肥过程氮损失主要在两个阶段：首先是升温阶段，此时微生物数量迅速增加，铵态氮快速积累，pH 上升，铵态氮可能以氨气形式挥发；其次是保温和后腐熟阶段，这时堆肥中会形成腐殖酸并产生硝态氮，造成氮损失。

二、影响氮素损失因素及防控

氮素损失在堆肥过程中受多种因素影响，包括温度、pH、通风量、碳氮比、微生物活动以及添加剂等。在高温条件下，氮素更容易转化为铵态氮；而当 pH 升高时，铵态氮容易转化为氨气并挥发掉。

1. pH

堆肥过程中可以通过翻堆，使温度维持在一定的范围内。同样，pH 也需要进行调节以创造良好的环境条件。在堆肥过程中物料的 pH 在 5.0～6.0 时，保氮效果最好，pH 在 6.0～7.0 时呈碱性但没有超过 8.0 也是可行的，一旦 pH 超过 8.0，氮素的保持就会受到严重影响，因为高pH 会促使铵态氮转化为氨气并挥发。一旦铵态氮转化为氨气并释放到大气中，导致氮素损失，就会打破堆肥系统中氮素的平衡，因为水溶氮会源源不断地被补充。从图 4-15 中可以观察到，当 pH 处于 8.0 时，液体铵态氮含量会急剧下降，同时气态氨气的浓度会迅速上升。所以为了减少氮素的损失，应将堆肥的 pH 控制在 8.0 以下，这是确保氮素保持在堆肥中并减少损失的有效措施。在实际操作中，许多鸡粪发酵厂的堆肥 pH 往往会超过这一界限，有时甚至购买的有机肥成品的 pH 会高达 9.0，这会导致氮素迅速流失。

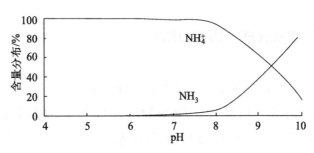

图 4-15　不同 pH 条件下气态铵 NH_3
和液态离子态 NH^{4+} 的含量变化

使用花生枯、菜枯等原料堆肥时，如果 pH 控制不当，氮素很容易转化为氨气并挥发。因此，如果不熟悉发酵过程，建议不要使用这些材料进行有机肥的发酵。可以添加微生物菌剂，进一步提高有机肥的碳氮比，然后将枯饼与有机肥混合后直接施用，这样可以减少氮素的损失。

对于不熟悉 pH 调节的果农，建议不要将枯饼用于堆肥发酵。如果确实需要发酵，建议将其作为液体肥料进行发酵，而不是固体堆肥。对于掌握发酵技术的果农，将 pH 控制在 8.0 以下，可以有效促进发酵，从而产生丰富的小分子多肽和氨基酸，这样的发酵过程将非常成功。这种方式可以充分利用枯饼中的氮源，同时减少氮素的挥发损失，提高肥料的营养价值。

2. 碳氮比

在堆肥过程中，通常建议初始碳氮比设在 25～30 之间。如果碳氮比超过40，可能会导致"氮饥饿"现象。这种情况下，氮素会被微生物吸收并转化为细胞组织的一部分，从而暂时从土壤的有效氮库中移除。"氮饥饿"是指堆肥或有机肥料的碳氮比过高，施入土壤后，微生物为了自身的生长和代谢，会从土壤中吸收氮素。这会导致作物在一段时间内无法获得足够的氮素，从而表现出缺氮的症状。尽管氮素仍然存在于土壤中，但它被微生物细胞所固定，作物无法吸收利用。

如果堆肥初始碳氮比过低，氮元素很容易转化为氨气并逸散。如果碳氮比小于20，便会出现氮损失。在一些有机肥料厂中，由于鸡粪原料比例过高，且添加的木屑或谷壳等原料量不足，会导致氨气味道强烈，这正是碳氮比过低的原因。谷壳之所以会导致实际碳氮比过低，是因为其含有的碳不易被微生物利用，在发酵分解过程中不同步，仍在消耗自身的氮而缺乏碳源。

某些碳源在发酵腐熟过程中难以分解，例如谷壳和木屑这类原料。它们难以分解的特性会导致在发酵过程中与氮源的分解不同步，从而使得调整的碳氮比变得不合理。实际上，这种碳源并不能提供有效的营养。不同步意味着易于腐熟的物质与难以腐熟的物质混合在一起，而难以腐熟的物质仅作为支撑物存在，并未提供所需的营养碳源。所以这种碳氮比并不是真正意义上的理想比例。

3. 氮损失防控措施

水分通常控制在 50%～60%，同时确保良好的通风供氧条件，即提供充足的氧气。碳氮比、温度、湿度、搅拌和通风等因素都会对氮的损失产生影响。因此，需要全面考虑这些因素，并采取相应措施以防止氮的损失。

除了调整碳氮比之外，还有一种方法是改变氮素的存在形态，使其不易转化为气体逸散。可以通过添加吸附剂来固定铵态氮，减少氮的损失。例如，可以添加 1%～2% 的过磷酸钙与堆肥混合，以吸附氮并防止其损失。其他如硫酸铜、氯化镁等吸附剂也具有保氮效果，可以根据作物的具体需求选择和添加。

此外，在堆肥过程中，还可以使用草炭、锯末等材料覆盖在堆肥表面，能有效减少氨气的挥发。

第七节　构建条垛式好氧堆肥系统

一旦碳氮比计算得当，并解决了氮损失的问题，就可以着手进行堆肥工作。前期做的工作是准备工作，真正开始堆肥时需要建立一个合适的堆肥系统。对于果园等开阔区域，条垛式堆肥模式是非常适合的选择，其成条状堆叠的方式，便于管理和操作。而在有机肥厂，翻堆式、槽式和通风式堆肥系统则更为常见，这些模式适用于大规模生产，能够更好地控制和提高效率。实际上，有机肥厂也可以采用条垛式堆肥模式，无论选择哪种堆肥模式，都需要根据具体情况来决定。

一、条垛式好氧堆肥系统

条垛式好氧堆肥模式之所以在果园中备受青睐，主要原因在于它的简便性和较低的投资成本。这种模式不需要复杂的设备，只需选择一个适宜的空地即可开始堆肥作业。此外，条垛式堆肥的一个显著优势是它不受外界气温的限制，即便是在冬季低温条件下，堆肥过程也能照常进行。一旦堆体建立，它便能独立于外界环境温度，维持适宜的发酵温度，确保发酵过程的连续性和高效性，这一点在冬季尤为重要。

条垛式堆肥模式需要建条垛，其具有明显的优势，特别是在氧气供应方面。通过合理设计堆体的尺寸，可以确保氧气渗透到堆肥内部。如果堆体体积较大，可以通过增加长度、降低高度、加宽宽度来优化氧气的流通，同时保持顶部平整，以便顶部也能顺利进入氧气。这样的设计有助于维持堆体中的有氧状态，促进微生物活动和堆肥的高效分解。

堆肥的半腐熟发酵工艺通常需要 2～3 周的时间。在这一过程中，堆体的断面可以设计成梯形、三角形或四边形，以适应不同的场地和操作需求。整个堆肥过程包括预处理、建堆、翻堆和储存等关键环节。在这些环节中，有许多细节需要注意，这些将在后续的讨论中详细解释。

条垛式好氧堆肥模式之所以能成为果园中非常适合的一种方式，是因为它在氧气供应方面具有天然优势（图4-16）。这种模式下，氧气可以轻松地渗透到堆肥中，无需频繁进行机械鼓风或翻堆来增加氧气供应。这样的设计减少了对设备的依赖，简化了操作流程，使得果园管理更加高效和经济。在决定堆肥系统的规模时，首先要考虑的是场地条件。理想的场地应具有适当的坡度，这样不仅可以促进氧气的流通，还可以让发酵过程中产生的液体即发酵渗滤液自然流向低处。为了有效收集这些液体，可以在堆肥场下方设置收集池和排水沟，以避免液体流失。场地的硬度方面，通常使用铲车或挖掘机进行压实操作即可满足需求，果园的地面通常不需要过于精细处理。

关于是否需要覆盖堆肥堆体的问题，确实值得考虑。覆盖堆肥堆体可以提供一些保护，关键在于要避免造成厌氧条件。如果覆盖得太紧实，可能会阻碍氧气的流通，从而不利于好氧微生物的活动。在露天条件下进行堆肥也是可行的，特别是在小雨天气，堆肥堆体可以自然吸收雨水，无需额外覆盖。只有在大雨来临时，为了防止过多的水分进入堆体，才需要用薄膜覆盖。堆肥的半腐熟发酵最佳时期通常是在下半年，雨水相对较少，尤其是在秋季，即十月份以后；上半年雨水较多，下雨时，用薄膜覆盖即

图 4-16 条垛式好氧堆肥模式

可，在雨停后要及时揭开，以确保堆体通风，避免因水分过多而影响堆肥效果。

二、建堆与翻堆

条垛式堆肥发酵模式的建堆过程需要精心规划和操作。建堆的尺寸通常为底宽 2～6 米，顶宽 1～3 米，高度大约 1.5 米，而长度则可以根据场地的实际情况灵活调整，只要场地允许，堆的长度可以任意设定。堆的形状可以是三角形或四边形，这样的设计有助于使用挖掘机进行建堆。

在建堆时，建议使用挖掘机而不是铲车，因为挖掘机可以更精细地操作，能够到达铲车难以触及的死角，将小的碎料和边角料都集中起来，从而提高建堆的效果。

翻堆的次数应根据"时到不等温，温到不等时"的原则来决定。在果园中，通常使用挖掘机进行翻堆，这样可以在较短的时间内完成大量肥料的翻堆工作。一般而言，翻堆过程中会将堆肥材料拌和两遍，即把堆从一边移动到另一边，然后再移回原位，这样的操作可以确保堆肥材料均匀混合。翻堆的次数主要根据堆肥的温度变化来决定，不需要过于精确。通常情况下，堆肥过程需要 14～21 天，其间翻堆 3～4 次即可结束。

三、起爆剂与接种

起爆剂能让微生物快速、爆发式地生长，让微生物快速地启动起来，其营养是微生物可以直接吸收的。换言之，起爆剂的作用是菌刚接种到肥堆里，就有营养源可供其吸收利用。

接种也非常关键，堆肥本质上是一种固态微生物培养技术。有意识地培养特定的功能菌和植物益生菌，而不是单纯依赖堆肥环境中原有的土著菌，可以更有效地控制发酵过程。由于不同种类的微生物会产生不同的代谢产物，通过添加益生菌并促进其生长繁殖，可以促使其产生对植物生长有益的代谢物，这些代谢物随后被果树的根系吸收，从而促进植物健康生长。

在堆肥过程中，一般会接种一些耐高温的植物益生菌，从而加速升温过程。土著菌初始量很低，但是人为添加的菌种能够更快地启动发酵，缩短升温时间。这样的操作不仅加快了有机物的分解，还有助于减少氮的损失，这些都是功能菌的益处。通过添加优选的菌种，能够控制堆肥过程，使其产生更多的有益代谢产物，这些产物能够提升堆肥产品的肥效。因此，推荐在堆肥时加入精选的菌种，而不是仅依赖自然发酵过程，这样可以确保堆肥效果更佳，为植物提供更丰富的营养（图 4-17）。

图 4-17　堆肥拌料加菌

　　堆肥用的菌种，通常使用复合菌剂，这种菌剂包含了多种不同功能的微生物。其中，解蛋白、解纤维、解磷、解钾这四种功能是必备的，只有这样才能解决有机肥的有机质、氮、磷、钾的营养转换问题。通过这些微生物的作用，可以将大分子的营养物质转化为小分子，使得植物根系能够直接吸收。堆肥的接种菌量和枯饼水肥接种菌量相似，一般使用每克含有 100 亿个菌体的菌剂的 0.1%，确保初始微生物数量达到每克 10^7 个。堆肥过程中，虽然无法完全避免杂菌的存在，但通过增加功能菌的数量，可以有效地减少有害菌的影响，从而降低潜在的风险，这种策略被称为固态养菌。

　　起爆剂可以直接刺激微生物的快速生长繁殖，通常，起爆剂包含糖类和氮源，这些是微生物可以直接利用的营养物质。堆肥起爆剂有两类。如果主要原料用的是畜禽粪便，可以添加 1% 的工业葡萄糖，即 100 吨物料加 1 吨工业葡萄糖，将葡萄糖与物料混合均匀，或者兑水后浇灌在物料上，有助于微生物迅速启动，从而加快堆肥过程中温度升高。畜禽粪便做堆肥主料，可以搭配适当的碳源，来刺激功能菌的快速生长繁殖，让堆肥快速起温。对于不以畜禽粪便为主料的堆肥，可以添加 1% 的尿素和 1% 的工业葡萄糖作为起爆剂。这样的组合同时补充了碳源和氮源，确保了微生物能够快速获得所需的营养，从而促进其生长。

第八节　堆肥过程监测与常见问题

在建立条垛式好氧堆肥之后，监测和调控堆肥过程主要依赖对几个关键参数的持续观察，包括温度、湿度和气味的变化。特别是气味，恶臭味在发酵正常过程的1～2天后就会消失。例如用鸡粪堆肥，刚开始时堆肥就是鸡粪的味道，但是升温后1～2天鸡粪的味道消失，时间长后就是有机肥的味道。腐熟好的堆肥应该有泥土的味道，即放线菌的味道——土腥味。如果经过上述时间点后还存在鸡粪味，就是发酵的过程可能存在问题。

一、温度

温度是堆肥过程中最关键的一个参数，如果堆肥温度无法上升或保持在适当范围内，通常意味着堆肥过程中存在问题。如物料配方不当、水分含量不适宜或 pH 不理想，这些都可能抑制微生物的生长，导致温度无法上升。因此，堆肥温度的监测需要关注堆肥是否能够顺利升温，高温能否持续一定时间以及混合物比例是否有影响。

微生物降解有机物产生的热量，可导致堆体升温至40～70℃甚至更高。这些温度变化是微生物活跃程度的外在表现，需要有详细的数据记录。有机肥厂通常会密切监测堆肥温度的变化，例如在早上、中午、晚上进行温度测量，以判断堆肥是否正常进行。温度测量通常在堆体的内部进行，温度计需要在堆内放置一段时间，待读数稳定后再记录。在堆肥堆的不同位置和不同深度进行测量，可以获得更全面的温度分布情况。然后，将收集到的温度数据图表化，以便观察温度变化趋势，这是监测温度变化的有效方法。

如果温度无法顺利上升，可能是因为物料的拌匀程度不足，这个非常关键。物料是否拌匀直接决定了初始碳氮比有没有实现，如果两个物料没有拌匀，碳氮比会不均衡，导致物料不能达到 25 的理想碳氮比。

物料的拌匀与否决定堆肥的成败，在前期拌料时，至少需要拌 3 遍物料。第一次翻堆后，可以通过移堆的方式，从一边到另一边，然后再次翻堆，连续翻 3 次，这样可以更好地使物料均匀混合。这样翻堆拌料可以确保碳氮比达到理想的 25，从而促进堆肥的高效进行。如果没有充分拌匀，即使表面上达到了 25 的碳氮比也可能是不准确的，这将导致发酵效果不佳。

发酵过程中，翻堆能很好地拌匀物料，实现理想的碳氮比，还能调整水分分布。水肥也是如此，加入葡萄糖或其他营养物质后，充分搅拌确保所有微生物都能获得必要的能量来源，这对于微生物的生长和活动同样重要。如果没有搅匀，就会导致营养分布不均，影响微生物的活性和整体的发酵效果。在兑水池中添加复合肥时，同样需要拌匀，否则不仅会影响植物对养分的吸收，还可能导致局部浓度过高，从而烧伤植物根系，或者局部浓度过低，导致植物营养不良。

二、湿度

在堆肥过程中，湿度的监测通常依赖于人们的经验，即通过手捏物料的感觉来判断。一般而言，理想的湿度范围是 50％～60％。在堆肥初期，可以通过添加水分来调整湿度，使其达到适宜的范围。然而，在发酵的 15～20 天期间，通常不额外加水。这段时间内，应该让堆肥自然蒸发水分，使得湿度逐渐降低。随着水分的蒸发，物料的湿度会逐渐下降至 50％，甚至 40％。当湿度降至 40％以下时，通常意味着发酵过程接近结束。

三、气味

气味在堆肥过程中是一个直观的监测指标，它可以反映堆肥的发酵状态和进程。首先，在堆肥初期，原料（如鸡粪）可能会有明显的恶臭味。然而，随着堆肥过程的进行，特别是当温度上升后，这些恶臭味会逐渐消失。通常在发酵开始后的两天内，这种恶臭味就会显著减少，甚至完全消失。在市场上购买的有机肥料，如果闻起来没有明显的原料气味，通常是一个好的迹象，表明它已经经过了充分的发酵处理。

其次是氨味，如果堆肥过程中氨味过重，通常表明碳氮比设置不合理。这种情况可能是由于不同物料的分解速度不同步，导致实际上的碳氮比较低，从而使得氮素以氨气的形式挥发损失。因此，应避免将难以分解的物料如木屑，与氮含量较高的物料如鸡粪直接混合。因为木屑中的木质素含量较高，分解速度慢，而鸡粪等容易分解的物料在分解过程中会迅速释放氮素，如果碳源不足，就可能导致碳氮比失衡，进而产生过多的氨气。为了实现更合理的碳氮比和同步分解，建议将易于分解的物料，如米糠类或菇渣类，与鸡粪混合。这些物料已经被微生物部分分解，更容易腐熟，能够与鸡粪中的氮素更好地配合，减少氮素的挥发损失。

气味可以揭示堆肥过程中可能出现的问题，一些厌氧发酵也会产生恶臭味，产生恶臭味的常见因素有水分含量过高、厌氧菌生长、孔隙度不够、堆体过大等，这些问题都与氧气供应有关。为了解决这些问题，需要定期翻堆以增加堆肥的透气性，确保氧气能够充分到达堆肥的各个部分。优质的堆肥应该是蓬松的，这意味着其中的粗纤维已经被分解，而木质素等较难分解的成分则构成了堆肥的疏松结构。例如，中药渣在堆肥过程中，其粗纤维会被分解，剩下的木质素成分使得堆肥结构变得蓬松，易于捏碎。

四、堆肥常见问题

堆肥不升温是堆肥过程中常见的问题，水分管理不当是常见的原因之一。当堆肥升温后温度迅速下降，且高温持续时间短暂，这可能是碳氮比失衡引起的。如果碳氮比过高，意味着氮源不足，总养分偏低，这会导致微生物分解有机物的速度减慢，从而影响堆肥的持续升温。在这种情况下，可以通过添加富含氮的原料，如鸡粪，来调整碳氮比，增加氮源，帮助堆肥维持更长时间的高温。

发酵过程中产生的异味通常是由于缺氧。如果发酵后期氨味越来越重，可能是由于 pH 过高，可以摊开堆体帮助水分和热量散发，终止升温过程。在发酵 15～20 天后，如果堆体温度不再上升，通常意味着堆肥发酵过程已经完成。

第九节　堆肥质量评价

堆肥完成以后，可以通过一些指标来判断堆肥质量。表 4-4 是堆肥质量评价参数表，可分别从表观、化学方法、生物活性、毒性分析和卫生学检测等方面进行分析判断。

表 4-4　堆肥质量评价参数

方法	参数或项目
表观鉴别法	①温度；②颜色；③气味；④质地
化学方法	①碳氮比(C/N)； ②氮化合物(总氮、铵态氮、硝态氮、亚硝态氮)； ③阳离子交换量(CEC)；

方法	参数或项目
化学方法	④有机化合物(水溶性或可浸提有机碳、还原糖、脂类等化合物、纤维素、半纤维素、淀粉等); ⑤腐殖质(腐殖质指数、腐殖质总量和功能基团)
生物活性法	①耗氧速率;②微生物种群和数量;③酶学分析
植物毒性分析法	①种子发芽;②植物生物量
卫生学检测	致病微生物指标等

一、表观

若想判断堆肥是否完成，外观的变化是最容易观察的。堆肥过程中，物料颜色会逐渐变深，如原本黄色的谷壳会转变为深褐色。同时，堆肥的气味也会发生变化，最初的恶臭味逐渐消失，取而代之的是类似泥土的气息、土腥味，即放线菌的味道。堆肥的质地也会变得更加蓬松，因为内部的粗纤维和结构物质被分解，使得堆肥内部结构松散，表现出蓬松的状态。

二、碳氮比

在堆肥过程中，碳氮比参数会发生变化，堆肥前的碳氮比设定在 25～30，经过高温发酵后，碳氮比应为 15～20。这就是碳氮比的监测，可以计算得出，也可以测量得出。

碳氮比下降的原因主要是碳元素通过微生物的呼吸作

用转化为二氧化碳并释放到大气中，即堆肥中粗纤维经过分解逐步转化为葡萄糖，随后葡萄糖在微生物的代谢过程中进一步转化为二氧化碳，最终以气体形式逸散。如果堆肥过程中管理不当，氮也可能以氨气的形式损失，碳氮比反而会升高，因为氮的损失更为严重。

三、发芽率

发芽率的数据可以根据现有国家标准规定的种子发芽实验获取，也可以通过黑麦草、大白菜、胡萝卜等植物种子的发芽率来测量。在进行种子发芽实验时，通常不会直接在纯有机肥上进行，应将有机肥与土壤按一定比例混合，更好地模拟实际的土壤环境，评估有机肥在实际应用中的效果。推荐的比例是 1∶8，即一份有机肥与八份土壤混合，这样的比例能提供一个适宜的养分环境。

第十节　优秀人员堆肥作业

作业：100 吨生物有机肥制作工艺（节选）

一、工艺流程

① 场地准备。平整场地 500 平方米，地面硬化平整，四周矮墙留有溢水孔，最好有避雨棚。

② 物料进场及设施设备。根据堆肥总量计算的配方采购物料进场，分别堆放，同时准备 1% 的食品级葡萄糖 1 吨；2% 的过磷酸钙 2 吨；0.1% 的复合发酵菌剂；1% 的生石灰 1 吨；挖机或铲车一台；水源及供水设备一套；工业温度计、试纸若干及其他工具。

③ 调节水分。按照计算水添加量向物料均匀洒水 5.5 吨。

④ 调 pH。取 0.5 千克混合物料加 3 倍水，搅匀后测量其 pH，若低于 7.5 就进行调酸。取 5 千克混合物料添加 1% 的生石灰拌匀，测量其 pH，若仍然低于 7.5，则再次重复测量调酸，直到合格为止。并计算出全部物料需要的生石灰量。

⑤ 拌料。第一次拌料（混料）：用挖机把鸡粪和锯末按比例混合拌匀；第二次拌料（移堆，拌匀关键流程）：把混好的物料移到一边，再一次拌匀，拌匀的过程中向物料堆均匀添加葡萄糖（可以水溶后喷洒），将菌剂稀释 20～30 倍喷洒，撒过磷酸钙和生石灰，撒完拌完。

⑥ 建堆（第三次拌料）。按底宽 3～5 米，高 1.5～2 米，长不限，建堆。

二、发酵过程管理

① 温度监测。每天早晚各使用工业温度计测量一次，每次每堆 3 个点。

要求：理想温度为 50～65℃，最佳温度为 55～60℃；堆体内部温度大于 55℃ 的时间至少为 15 天；遵循"时到不等温，温到不等时"原则进行翻堆控制温度，菌剂添加后达到 48 小时后，不管温度是否达到 60℃ 都要进行翻堆，此后当温度达到 60～65℃ 时安排翻堆。

② 水分控制。每天检测物料含水量：将物料在手掌中捏成团，指缝有水迹没有水滴时含水量在 60%，满足要求；当含水量低于 60% 时随时适当加水，以满足发酵最佳含水量要求。

③ pH 控制。要求堆肥 pH 控制在 7.5 左右，但不超过 8.0。堆肥开始发酵后 6～7 小时即开始进行 pH 的监测，之后每天早晚各进行一次 pH 测量，当低于 7.0 时可以通过翻堆通风来提高 pH，当 pH 过低时可以添加生石灰调酸。

三、发酵完成

当发酵 20 天以后，温度下降到 40℃ 时发酵完成，这时可以将堆肥摊平，高度降到 1 米以下备用。

第五章
绿肥种植及原位
发酵技术

不动土技术体系是一种旨在通过减少土壤耕作翻动，来提高土壤有机质并降低成本的技术。在这一体系中，提高土壤有机质的常规方法之一是施用有机肥，但这种方法成本较高。因此，种植绿肥成为另一种有效的替代方案。

第一节 绿肥种植的意义

在不动土技术体系中，对绿肥的重视程度需要超过对有机肥的使用，以下将详细介绍种植绿肥的优点。

一、低成本

种植绿肥是一种经济、快速的方法，能提升土壤中的有机质含量，一亩（1 亩＝667 平方米）田地的成本大概只需十几元。在 10 月或 11 月种植绿肥，在冬季可为土壤提供一层覆盖保护。到了来年的 1 月或 2 月，绿肥作物就能为果园土壤提供一层厚厚的有机覆盖层。

通过调查绿肥数据可以得知，一亩绿肥作物如肥田萝卜和苕子大概可以补充 1.5～2 吨的有机肥。具体计算如下：一亩地的肥田萝卜在含水量为 80% 时，可以产生 4～5 吨的新鲜生物量。换算成含 30% 水分的有机肥，就相当于 1.5～2 吨的有机肥。一亩地的种子成本可能只需要十几元，加上人工和其他管理费用，总成本不超过 40 元，却可以获得 1.5～2 吨的有机肥。相比之下，购买相同量的商业有机肥料可能需要花费 1500～2000 元。整体来看，这种改土模式的成本低廉，值得重视。

绿肥通过光合作用将空气中的二氧化碳转换成有机质，将有机质补充到土壤中。这种有机质的补充方式是"以小肥换大肥"的模式，并且是不动土技术中不涉及施用有机肥的部分。人们可能会感到困惑，认为不施用有机肥是不可能的。但事实上，通过绿肥来补充有机质，可以达到不动土栽培的目的。而且土壤中有机质的含量上升以后，在施用菌肥时可以给微生物提供一个良好的生存条件，促进土壤形成团粒结构，这也是不动土技术体系的核心逻辑。

种植绿肥可以减少对商业有机肥料的需求，从而降低成本，所以一定要重视绿肥的使用。

二、防控杂草

　　绿肥防控杂草效果是非常明显的。在秋冬季节播种绿肥，可以在春季杂草生长活跃之前建立起绿肥作物的生长优势。到了1月份，气温还较低时，绿肥作物就已经开始在果园土壤上形成覆盖。在上半年，由于雨水充沛和温度适宜，杂草生长迅速。但提前种植的绿肥作物已经占据了优势，绿肥的密集生长遮挡了阳光，减少了杂草的生长空间，从而有效地控制了杂草生长。这样一来，就可以减少或避免使用割草机和化学除草剂，减少了对环境的潜在影响，同时也降低了劳动强度。

　　选择适宜的绿肥品种和播种时间对于绿肥效果至关重要。应选择那些在冬季生长旺盛的品种，以确保它们能够在春季之前建立起足够的生长优势。到4月和5月，许多绿肥作物如肥田萝卜、紫云英、苕子等开始枯萎，它们在果园土壤上形成了一层厚厚的有机覆盖层，不仅有助于保持土壤湿度，还能进一步抑制杂草的生长，并为土壤提供额外的有机质。

三、保水保肥抗干旱

　　在七八月份高温季节，绿肥作物形成的厚实覆盖层就像一层天然的保护毯，能够减少土壤水分蒸发和养分流失，同时，这层覆盖还有助于调节土壤温度，减少高温对果树根系的不利影响，确保土壤环境的稳定。

第二节　绿肥品种选择与种植技术

一、绿肥品种选择

选择合适的绿肥品种对果树种植非常重要。市面上的绿肥种植产业和种植协会都会推荐不同种类的绿肥，本书推荐冬天生长的绿肥，即在 11 月、12 月和 1 月这三个月份能够生长的绿肥种类。

选择冬季绿肥品种的原因如下：首先，冬季时果树的根系处于半休眠状态，对养分的需求量减少，避免了与绿肥争夺养分。其次，冬季种植绿肥能有效避免与杂草的竞争，因为大多数杂草在冬季生长缓慢，这为绿肥的生长提供了有利条件。因此，通常建议在 11 月份开始种植绿肥，这样可以有效地避免绿肥与其他植物争夺养分。如果在春天种植绿肥，可能无法发挥其抑制杂草的作用。

一般选择的绿肥品种有两种：固氮绿肥和固碳绿肥。固氮绿肥指的是那些具有固氮能力，且碳氮比小于 25 的绿肥。例如，紫云英是一种典型的固氮绿肥，其碳氮比较低，在 13 左右，非常适合作为绿肥种植。固碳绿肥则是指那些碳氮比大于 25 的绿肥，固碳绿肥不具备固氮功能，但可以通过光合作用有效地固定二氧化碳，产生丰富的有机物质。肥田萝卜就是一种固碳绿肥。因为绿肥种植会涉及后续的原位发酵技术，而原位发酵会涉及碳和氮的比例，所以在实际应用中，通常会选择固碳绿肥和固氮绿肥混播搭配等方式。

1. 固氮绿肥

苕子作为一种固氮绿肥，在 10 月份或 11 月份种植，部分情况下也可以在 12 月份种植。通常建议在 10 月份种植，这样可以确保在来年 1 月份时果园地面被其完全覆盖，从而在早春时节形成丰富的生物量，到了 3 月份，苕子开花，随后在 4～5 月份自然衰老和死亡。这一生长周期有助于控制上半年果园中的杂草生长，减少除草剂的使用。

苕子的固氮特性使其能够将大气中的氮气转化为植物可利用的氮素形式，如铵离子，进而合成蛋白质，最终以有机氮的形式补充到土壤中。这一过程不仅提高了土壤的肥力，还增加了土壤中的有机质含量。与堆肥相比，种植苕子这类的固氮绿肥可以在较低的成本下直接从大气中获取氮素，避免了堆肥过程中可能出现的氮损失问题。此外，苕子在生长过程中通过光合作用固定二氧化碳，可以增加土壤中的有机碳储量。因此，苕子不仅在固氮方面表现出色，也在固碳方面发挥着重要作用

（图 5-1）。

图 5-1　固氮绿肥苕子

2. 固碳绿肥

肥田萝卜能够深入土壤，通过其根系活动增加土壤的有机质含量。这是不动土技术模式的关键，实际上也"动了土"，是肥田萝卜"动"土，而不是人工动土，所以后续可以不用再翻土。有机质通过肥田萝卜的根系进入土壤中，钻到土壤 20 厘米、30 厘米甚至 40 厘米深，相当于肥田萝卜自己施埋了有机肥，这是肥田萝卜最大的一个优势。所以种植绿肥时，一般会搭配肥田萝卜一起种植，使地下的土壤疏松，把有机质带下去，真正实现不动土的模式。

二、绿肥种植技术

1. 新开果园或幼树

在果园初期开始种树时，施有机肥是快速提供树盘土壤营养的有效方式，因为幼树需要迅速吸收营养以支持其早期生长。在这种情况下，施有机肥是最佳选择。

对于树盘以外的土壤，种植绿肥则是一种长期的改良策略。在果树根系尚未扩展到这些区域时，可以种植绿肥来逐步提高土壤的有机质含量。例如，新开的果园或幼树在前三年建议使用有机肥，以确保树盘土壤的肥沃。而在这些区域之外，可以通过种植绿肥来改善土壤。

2. 贫瘠土壤种绿肥

在贫瘠的土壤上种植绿肥时，可以先种植苕子，因为苕子能够适应较差的土壤条件。如果土壤过于贫瘠，甚至无法支持苕子的生长，可以适量施用有机肥来帮助苕子生长。在种植苕子时，建议采用条播的方式，将有机肥与苕子种子一同播种。

随着时间的推移，1～2 年以后，苕子的生长和分解将逐渐增加土壤表层的有机质。之后，可以种植肥田萝卜，利用其深入土壤的根系将有机质带到更深层的土壤中，从而进一步改善土壤结构和肥力。肥田萝卜的根系能够深入土壤，带动微生物活动，促进土壤深层的有机质和养分循环。后续还可以考虑种植萝卜进行松土，最终达到微生物松土的目的。所有这些措施都是为了给土壤微生物提供适宜的营养条件，包括碳源、氮源、无机盐、生长因子和水。

3. 肥沃土壤种绿肥

在肥沃的田地中土壤的有机质含量相对较高，但土壤板结是一个常见问题。如果出现这种情况，可以通过旋耕打破土壤的板结状态，为种植肥田萝卜创造条件。肥田萝卜的种植时间通常选择在 10～12 月，其中 11 月份是理想的播种时间。肥田萝卜的生长有助于土壤疏松，为后续种植苕子等其他绿肥作物打下良好的基础。

因此种植绿肥可以实现不动土的土壤管理模式。之所以在绿肥章节提不动土，是因为土壤有机质的来源拓展了，也就是绿肥光合作用从空气中把二氧化碳固定至植物中，并将其转换成碳水化合物，输送到土壤里面。只要完成这个循环，有机质就可以源源不断地通过绿肥转换到土壤里面去，从而实现"不动土"的效果。实现这一目标的前提是土壤要能满足绿肥的生长条件，再通过年年种绿肥，且种绿肥成本较低，例如一年一亩地的成本可能在 50元，就可以解决有机肥的问题。除了补充有机质，还需要考虑土壤中必需的矿物元素，这些元素包括氮、磷、钾、钙、镁、硫、铁、锰、铜、锌、氯等。

图 5-2 的拍摄时间为 1 月 15 日，图中新开果园在 1 月

中旬全部铺满绿肥，3 月份以后，绿肥已经形成了厚厚的覆盖层，可能达到了 30 厘米，有效抑制了杂草生长。绿肥植物能够充分利用冬天的阳光来进行生长，极大地避免了阳光资源的浪费，同时能将空气中的碳元素和氮元素转化为有机质，使其进入土壤中，极大地降低了成本。

图 5-2　山地新开果园幼树树盘外苕子种植改土

　　图 5-3 展示了种植的肥田萝卜。在广东新会柑果园，种植肥田萝卜是一种有效的土壤改良方法。由于长期种植空心莲子草（水花生），土壤虽然有机质含量较高，但容易出现板结现象。在 11 月份左右使用旋耕机打碎土壤，然后播种肥田萝卜，可以利用这种绿肥作物的生长特性来改善土壤结构。肥田萝卜的生长速度快，其根系能够深入土壤，甚至达到 50 厘米的深度，将空气中的二氧化碳通过光合作用转化为有机物质，并将其输送到土壤中。这个过程不仅增加了土壤的有机质，还有助于土壤的疏松和透气。在肥田萝卜生长一段时间后，可以通过施用微生物分

解肥料来促进其分解。分解过程中，萝卜周围的土壤会形成团粒结构，使得土壤变得像菜园土一样疏松透气。

图 5-3　田地新开果园幼树树盘外肥田萝卜种植改土

这种通过绿肥作物实现土壤改良的方式，是一种不动土的模式，也是最经济的土壤改良方式之一。

第三节　绿肥原位发酵技术

绿肥原位发酵是指绿肥在果园原始环境中进行发酵，不需要将绿肥转移到其他外部环境中进行处理。绿肥的原位发酵技术实际上也是土壤的养菌技术，即将绿肥与土壤结合，将土壤视作一个堆肥场地，进行原位发酵。堆肥技术的核心是微生物，绿肥原位发酵的核心也是微生物，那么绿肥原位发酵中微生物的营养条件和环境条件是如何满足的呢？

一、绿肥原位发酵营养条件

绿肥原位发酵营养条件主要有：①碳源、氮源，绿肥本身含有碳源、氮源，具备一定的碳氮比；②无机盐，土壤含有矿质元素等无机盐；③水分，绿肥的原位发酵在上半年，雨水充沛。因此微生物生长的营养条件全部具备。

二、绿肥原位发酵环境条件

绿肥原位发酵环境条件主要有：①pH，如果土壤偏酸，可以通过施用生石灰来调整 pH，使其达到适宜微生物生长的范围，一旦 pH 适宜，微生物便能迅速繁殖，加速绿肥的分解过程，尤其是像肥田萝卜这样的绿肥，生石灰的施用可以显著加快其分解速度；②氧气，由于绿肥原位发酵是在露天条件下进行，氧气供应通常不是问题；③温度，绿肥原位发酵主要发生在绿肥自然死亡的 4～6 月份，此时的气温一般在 20～35℃之间，这个温度范围非常适合微生物的生长和繁殖。综上所述，只要确保碳氮比合理，再引入功能菌，绿肥就能有效地分解和腐烂（图 5-4）。

图 5-4　果园绿肥原位发酵

三、功能微生物

　　枯饼水肥发酵后的功能菌在此时发挥重要作用，将发酵好的液体均匀地施用在果园的绿肥上，可以有效地补充土壤中的微生物群落。当营养条件和环境条件得到优化时，微生物菌群便开始活跃，加速绿肥的分解过程，使其有机质渗透到土壤中，从而改善土壤结构，增加土壤的松散度。这种通过绿肥原位发酵向土壤补充有机质的方式，有助于快速形成团粒结构，提高土壤健康水平。

　　健康的土壤具有更好的抵御极端天气的能力。无论是长时间降雨还是干旱，具有良好团粒结构的土壤都能展现出较强的耐涝和抗旱性能。在高温条件下，土壤的保水能力有助于减少植物叶片的卷曲现象，因为土壤能够更好地保持水分，同时通过团粒结构中的空气孔隙调节空气供应，有效解决了水分和空气供应之间的矛盾。因此，通过绿肥原位发酵和合理管理，可以显著提升土壤的质量，使其形成良性的生态循环，增强土壤对极端天气的适应能力，从而减少农业生产中土壤问题带来的风险。

改良后的土壤能够显著促进树木的健康生长，使得果园管理变得更加轻松和高效。正如图5-5所示，发酵完成后，土壤中的萝卜开始分解，周围的土壤形成了丰富的团粒结构。当土壤被翻开时可以观察到，有机质丰富的区域微生物活跃，它们在土壤中发挥着重要作用。这些微生物常被形象地称为"地下工作者"，其不断地分解有机物质，释放养分，从而帮助改良土壤，提高土壤的肥力。

图5-5 绿肥原位发酵技术——功能菌分解绿肥

在土壤生态系统中，微生物是最初的拓荒者，它们在蚯蚓等大型土壤生物到来之前就已经在土壤中活跃。蚯蚓等土壤生物的存在通常意味着土壤中已经有了丰富的微生物活动，因为这些土壤生物依赖微生物分解的有机物质和它们肠道内的微生物来完成营养循环。

不动土技术体系强调通过种植绿肥来持续地向土壤中输送有机质，将空气中的氮转化为土壤中的有机氮，以及其他必需的元素如碳、氢、氧。这些过程都是自然且成本低廉的。

当然，微生物在这一体系中扮演着核心角色。微生物不仅参与有机质的分解和营养转化，还参与土壤结构的改善和有害物质的降解。补充有机质和有机氮的目的是培养和维持土壤中微生物的多样性和活性。没有微生物的参与，即使补充了大量有机质，土壤也无法有效利用，反而可能导致土壤质量下降。因此，不动土技术体系实际上是一种土壤微生物培养技术，其涉及如何补充土壤有机质、调节 pH、添加有益微生物以及实现土壤的自我循环，从而达到不动土栽培的目的。通过这些方法，最终可实现土壤的健康和可持续管理。

第六章

"无机＋有机＋微生物"
平衡施肥技术

　　不合理的下肥模式会导致土壤被破坏。如果不懂得用肥，不懂得维护土壤生态，只关注作物营养需求，就容易破坏土壤健康，所以施肥技术的欠缺是土壤被破坏的原因之一。

　　在不动土技术体系中，"无机＋有机＋微生物"的平衡施肥技术是一种高效的土壤管理方法。这种技术强调补充土壤中的无机元素、有机质和微生物来维持土壤的健康和生产力。所以要强化这种用肥模式来修复和维护土壤生态。

第一节　作物必需营养元素特点

一、16 种必需元素

　　如果缺少了必需元素，作物一定会表现出症状。16

种必需元素是：碳、氢、氧、氮、磷、钾、钙、镁、硫、铁、硼、锰、铜、锌、钼、氯。

1. 三个标准

① 不可缺少。必需元素对于作物来说是不可缺少的，缺少这些元素，不能完成生命周期。

② 特定症状。缺少某一个元素，一定会表现出相应的症状。

③ 直接营养。使用上述这些元素后，植物能直接吸收并表现出来。

2. 三大类别

16 种必需元素根据生物体的含量多少又分为三大类：大量元素、中量元素和微量元素（图 6-1）。

① 大量元素。为碳、氢、氧、氮、磷、钾，这几种元素在生物体内的含量超过 0.5％。氮、磷、钾是最常见的，也是大家最熟悉的。碳、氢、氧主要来自空气中的二氧化碳和水，也就是果树的叶片通过光合作用，将二氧化碳和水转换成葡萄糖，碳、氢、氧主要来自这里，是比较容易获得的。所以补充元素的重点应该是氮、磷、钾。

② 中量元素。为钙、镁、硫，含量在 0.1％～0.5％之间。一般来说，应该优先补充钙和镁元素，因为钙和镁在作物体内的移动速度非常慢。而且在用肥方案中，钙和镁的补充放在非常重要的位置。

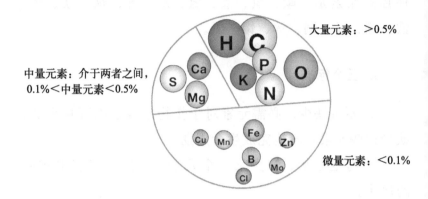

图 6-1　作物 16 种必需元素的三大类

③ 微量元素。含量小于 0.1％。虽然微量元素在植物体内的含量较少，但是缺少任何一种植物都会表现相应的负面症状，所以微量元素都是不可缺少的。在实际种植过程中，可以通过对微量元素的需求变化，来进行相应补充。

二、必需元素的同等重要性

对于作物来说，这些必需元素虽然需求量有多有少，但是一定是同等重要。作物生长的效率受限于最缺乏的营养素，就像木桶的容量受限于最短的那块木板一样。因此，任何元素的缺乏都可能成为限制作物健康和生产力的瓶颈（图 6-2）。

作物营养管理要全面地供给养分，如果施用有机肥较

最短板

图 6-2 木桶原理图示

多，一般不需要特意补充微量元素。然而，某些作物对特定微量元素有更高的需求，或者在特定土壤条件下，某些微量元素可能更容易缺乏。例如，柑橘类作物对硼（B）的需求较高，在这种情况下，即使有机肥料的使用量很大，也需要额外补充硼肥以避免缺素症状。

三、必需元素的来源

图 6-3 可以看出：作物的地上部分主要通过光合作用解决碳、氢、氧的获取，为了提高作物的光合效率，应采取补充镁元素和合理修剪等措施，以增加光照面积和光合效能。

其余 13 种元素，即氮、磷、钾、钙、镁、硫还有微量元素等，基本都是在土壤中解决。土壤的健康情况会决定这 13 种元素的吸收效率，所以土壤健康非常重要。作物的地下和地上部分需要协同工作，以实现养分的有效吸收。

图 6-3 16 种必需元素的来源

确保肥料中包含 16 种必需元素对作物的健康生长至关重要。在施肥时，应检查肥料成分，确保肥料能够提供这些必需元素。例如，复合肥通常含有氮、磷、钾，这些是作物生长的基本需求。一些复合肥还添加钙和镁，如果这些元素的含量不足，可以通过额外的肥料进行补充。在作物生长的关键时期，如果实膨大期，作物需要额外补充微量元素，这可以通过土壤施肥或叶面喷施的方式进行。采用"无机＋有机＋微生物"的施肥模式，可以确保所有必需元素的添加。这种模式结合了无机肥料的快速效果、有机肥料的长期肥效和微生物肥料的土壤改良作用。

第二节 平衡施肥技术

一、平衡施肥技术的优势

"无机＋有机＋微生物"相结合的施肥策略备受强调，是因为这种结合方式能够充分发挥各种肥料的优势，实现养分供应的全面性和持久性。

① 无机肥料（化肥）具有速效性特点。无机肥的主要优势在于能够迅速提供作物所需的养分，肥效快，养分含量高。然而，无机肥料的肥效通常较短，这意味着无机肥料可能不会为作物提供长期的养分支持。

② 有机肥料（如含氨基酸、有机酸类）具有迟效性。有机肥料含有全面的养分，但养分含量相对较低，肥效较慢。

③ 微生物肥料具有长效性作用。微生物不是直接的肥料来源，但微生物通过分解土壤中的有机物质和难溶性养分，可以释放出可供作物吸收的养分。这一过程需要一定时间，因此微生物肥料的肥效是长期的。

将无机肥料和有机肥料配合使用，可以实现"一加一大于二"的效果。无机肥料的快速肥效与有机肥料的全面养分相结合，可以互补优势，提高肥料的整体效率。再加上微生物肥料的长效作用，可进一步提升土壤的肥力和作物的养分吸收效率。通过这种施肥料策略的优化运用，有助于提高作物的产量和品质，推动可持续农业的发展。

二、果树物候期和需肥规律

"无机＋有机＋微生物"平衡施肥技术的应用需依据作物的物候期和需肥规律。以赣南脐橙为例，不同果树的物候期和需肥规律可能不同。脐橙生长周期中，果实膨大期后，大约8月份，会进入需肥低峰期，此时对肥料的需求减少。图6-4中显示，磷的需肥量相对较少，而钾和氮的需求量较大。上半年主要保证产量，7月份之前完成大部分施肥工作。果实膨大期过后，果树对肥水的大量需求减少，因此几乎无需再施肥。

果树在不同物候期，如春季促梢、花期壮花、果实膨大期壮果以及秋季促梢等，对肥料的需求尤为关键。在这些时期，土壤的供肥能力可能无法满足果树的营养需求，需要及时追施水肥。在非关键时期，如果土壤肥力充足，通常不需要额外施肥。对于挂果树的管理可以相对简化，一年中施用4～5次肥料即可满足需求。这种施肥模式适用于赣南脐橙等果树，有助于实现高产量。在下半年，重点转向花芽分化和果实采收，此时需要控制水分和肥料，在果树生长的关键时期精准施用肥料。

春季果树春梢生长时，由于地温较低，果树对营养的

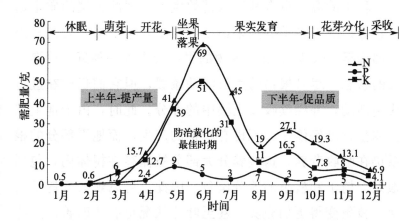

图 6-4 果树的物候期和氮磷钾的需肥规律

吸收效率通常不高。此时，果树的营养消耗主要依赖于前一年冬季在树体内积累的养分储备，因此冬季的养分管理对于春季的春梢生长和开花至关重要。为了增强树体的营养储备，冬季应适当进行肥水管理。春梢生长和开花主要依赖树体自身的营养，而土壤的供肥能力相对影响较小。因此，春季施肥的作用可能不如冬季的肥水管理显著，可以适当增加叶面肥的使用。

春夏之交，随着温度的升高，根系的吸收能力达到最强，这时夏梢的生长和果实的膨大速度会加快。由于温度适宜，土壤供肥能力强，根系吸收旺盛，可能导致夏梢生长过快，出现与果实生长竞争的情况。此时，可以通过水肥管理和植物生长调节剂来调节果树的生长，平衡夏梢和果实的需求。同时，为了控制过旺的夏梢生长，避免形成过多的霸王枝，可以采取适当的修剪措施。

秋季的温度也有利于秋梢的生长，因此秋梢的质量通常较好。随着冬季的到来，土壤温度开始下降，尤其是当土温降至13℃以下时，果树的根系会进入一种近乎停滞生长的状态。尽管根系的生长活动减缓，但它们仍然在进行代谢活动，并继续吸收土壤中的养分。此时，由于地上部分的生长已经停止，不再有新梢的产生，而地下部分的根系仍在吸收营养，这些养分大部分被储存在树体内，包括根系、树干和枝条的养分储备。因此，可以观察到树干增粗、枝条变得更加充实，甚至叶片状况也有所改善。这些变化实则是果树在储备养分，为来年春季开花和春梢生长做准备。

三、精准用肥技术

图 6-5 列举了几种用肥方案，有助于理解精准用肥。

春梢发育期和开花期的需肥特点是高氮中磷中钾，尤其对磷肥需求较大，因开花离不开磷肥，这是该物候期需肥特点之一。春季初期，建议进行一次水肥灌溉，采用高氮配方，但并非仅使用尿素，而是在保证磷钾供应的同时，以氮肥为主。可搭配平衡型复合肥和适量尿素，形成高氮型施肥方案。

采用"无机＋有机＋微生物"的施肥模式，并使其占据全年施肥时间的 20％～30％。通常在立春时进行一次施肥，在萌芽期再施用一次。如果新梢开始成熟时花朵已经

①促梢壮花肥

春梢萌发前，以速效氮肥为主，青壮树、初果树宜见蕾施肥，根据花量确定施肥量，以控制春梢，容易保果。

施肥量：20%
N：P：K施用量为
35%：20%：10%

②谢花小果肥

开始谢花时，根据花量施肥，施用高钾复合肥，可提高坐果率，控制夏梢萌发。

施肥量：10%
N：P：K施用量为
10%：30%：35%

③壮果促秋梢肥

秋梢抽发前10～15天，以速效氮为主，配合有机(2～5千克/株)施用。培养结果母枝，膨大果实，提高产量。

施肥量：40%
N：P：K施用量为
30%：10%：25%

④花芽分化肥

11月份，花芽分化前施用，以高磷、高钾复合肥为主。促进花芽分化，提高果实的品质。

施肥量：10%
N：P：K施用量为
10%：20%：10%

⑤采果前(后)肥

采果前10～15天，对结果比较多的树或弱树要施一次速效肥以恢复树势。采果后施有机肥(2～5千克/株)，高磷高钾复合肥。

施肥量：20%
N：P：K施用量为
15%：20%：20%

图 6-5　根据果树物候期和需肥规律精准用肥

出现，施肥时间应适当提前，以确保养分的积累。一般推荐使用高氮、高钾型的复合肥，分两次施用。如果冬季已经施用了钙镁肥，则无需重复添加；如果没有，则需要补充，并且最好提前进行。同时，可以加入枯饼水肥，按照干枯重量计算，每0.25千克枯饼兑水100倍，即25千克水肥。春梢的发育对当年的产量至关重要，因此必须重视春梢的培养，目标是使其茂盛、厚实、鲜绿，并尽早成熟。

在4~5月份，即谢花后，果树进入稳果阶段，此时施肥以平衡型肥料和有机液体肥料为主，依然遵循"无机+有机+微生物"的施肥模式。平衡型复合肥的使用量通常为100~150克，同时可以适当补充中微量元素。此外，可以加入约150克干枯的枯饼水肥。如果此时树势旺盛，肥料充足，可以考虑不施肥，以免造成营养过剩。施肥决策应根据叶色变化来判断，如果叶色保持正常，没有褪绿现象，则不必施肥。在这个阶段，施肥需要非常谨慎，因为过量施肥可能影响坐果。因此，应根据土壤的肥力状况和中微量元素的需求来决定是否施肥，以及施用何种肥料。

在果实膨大期，通常在7~8月份，施用高氮高钾型肥料是关键，因为这一时期不仅果实需要大量营养，秋梢的发育也处于关键时期。这段时间的施肥量占全年施肥量的40%~60%，占比较大，因此需要分2~3次进行，以保障肥料有效吸收。对于每棵挂果约50千克的果树，高氮高钾型复合肥的施用量约为 0.5 千克，根据实际情况，这个量还可以增加 50%，达到 0.75 千克。在施用壮果肥之前，提前 15 天至 1 个月，可以施用 0.25 千克钙镁肥。同时，每棵树施用 0.5～0.75 千克的枯饼水肥，该用量足以满足果树在这一时期的营养需求。

秋梢质量是缓解果树大小年现象的基础，因此要加强秋梢管理。秋梢成熟后，通过光合作用制造的碳水化合物会储存在树体内，为来年的开花和春梢生长提供必要的营养。

在果实的糖分转化期和转色期，通常不需要额外追施肥料，此时应营造一种营养胁迫状态。而在花芽分化期，应使用平衡型养分，主要通过叶面喷施的方式补充营养。该阶段不再使用水肥，而是选择磷酸二氢钾、氨基酸肥、钙镁肥等叶面肥料进行喷施，以促进花芽的分化。进入后期，为了促进花芽分化，土壤应保持适度干旱，控制水分和肥料的供给。根据果树的需肥曲线，到了 10 月份之后，果树对肥料的需求显著减少，此时适量补充叶面肥即可满足果树的营养需求。

月子肥、采果肥和冬储肥是果树管理中重要的施肥环节。采果肥通常使用平衡型肥料，以补充果树在结果后的营养消耗。冬储肥则在低温季节施用，通过水肥的形式来确保树体在冬季的营养储备。采用"无机＋有机＋微生物"的施肥模式，可以在全年的施肥计划中实现营养的均衡供应。平衡型复合肥的使用量控制在 100～150 克之间，同时配合 250 克干枯的枯饼水肥，以补充水分和有机质。

以上就是一整年的精准用肥思路，"无机＋有机＋微生物"的用肥模式一直贯彻在整个用肥理念中。高品质的果园建议施用枯饼搭配有机肥，尤其是果价较高的水果如柚子，建议在冬季埋施高品质的有机肥，每棵树施用 1.5～2.5 千克，以提高果实品质。针对小树，推荐使用生物有机肥，如果是自制堆肥，建议每棵树至少施用 20～40 千克，甚至 50 千克。小树在前 3 年应大量施肥，以促进其快速成长。施肥的最佳时间点是在秋梢成熟后，一般从 9～10 月开始。对于未挂果的小树，可以配合施用复合肥，以实现"无机＋有机＋微生物"的全面营养供应。

四、用肥注意事项

合理利用液体有机肥是确保养分平衡、防止烧叶和烧根的关键。当无法确定适宜的施肥浓度时，进行破坏性试验是一种有效的方法。例如，如果考虑使用沼液但不确定其适宜浓度，可以通过设置不同稀释倍数的梯度试验来确定。将沼液原液分别稀释为原体积的 1/2、1/3、1/4 等，然后分别浇灌，观察植物的反应，以此找到安全的施肥浓度。

在灌溉时，应避免灌溉水量过量，一般只需将土壤湿润至深度 20～40 厘米，此深度是吸收根的主要分布区域。对于施肥量的控制，在采用滴灌或旋转灌溉系统时，建议将水肥直接输送到果树吸收根的集中区域，这样可以提高肥料的利用率，减少浪费。

不推荐采用转圈灌溉的方式，因为这可能导致肥料浪费和效率低下。果树的根系在成熟后不会移动，因此应将肥料直接施用到根系集中的地方。如果灌溉过量，肥料可能会流失到根系之外，甚至在一场雨中被冲走，从而降低肥料的有效性（图6-6）。

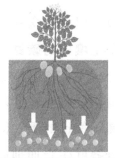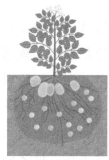

过量灌溉会导致养分被淋溶 合理灌溉保证养分停留在根区

图6-6　灌溉示意图

在使用水肥时，需要注意溶液的酸碱度，即pH。pH应保持在小于7.0的范围内，以弱酸性为佳，这样可以避免微量元素因化学反应而产生沉淀，影响作物的吸收。如果pH超过7.0，即呈现碱性，可能会引起作物的缺素症状。为了预防这种情况，应适当调整水肥的pH，确保其适宜性。在施用基肥时，绿肥、有机肥以及枯饼水肥结合施用，可以达到最佳效果。

第七章
碳氮比综合调控技术

　　碳氮比虽然是一个虚拟参数，但此概念具有很强的应用价值。无论是肥料、树木还是土壤中的碳氮比，都可以通过测算得出。在有机肥料的分析中，可以通过将有机质含量除以 1.724 来估算其碳含量，进而计算出碳氮比。

　　碳氮比的核心理念指出，高碳氮比的肥料促进根系生长而抑制茎叶生长，反之则促进茎叶生长而抑制根系。这是因为丰富的碳源有助于根系的发展，而充足的氮源则促进了地上部分的生长。

　　树体的碳氮比可以通过枝条的生长特性来反映。枝条的分枝角度是碳氮比的一个直观指标：枝条若表现出强烈的直立性，通常意味着树体的碳氮比较低，氮含量较高，这样的树体生长迅速，树冠扩展快，但可能在挂果方面表现不佳。相反，若树体呈现披垂或横向生长的特征，通常碳氮比较高，氮含量相对较少，而碳含量相对较多，这样的树体更易于开花和结果。所以可以通过树体的直立性、披垂性、横向生长等角度，来判断出树体碳氮比的大小。

此外，植物激素，尤其是生长素，通过顶端优势的作用，有助于氮素的快速向上运输，与碳氮比的调控相互作用（图 7-1）。

图 7-1　披垂型树体碳氮比高，容易挂果

掌握堆肥技术后，可以根据果园中树木的生长状况和特点，调整有机肥的碳氮比。对于生长较弱的树木，可以通过降低碳氮比来适当增加氮含量；而对于生长旺盛的树木，则可以通过提高碳氮比来减少氮含量的影响。因此，可以依据树木的生长趋势、结果周期以及之前的施肥情况，有选择性地使用有机肥。

这些方法都属于碳氮比综合调控技术的范畴，碳氮比综合调控技术可以应用于选择有机肥料、调整以上树势、选择微生物接种剂、挑选绿肥品种、进行堆肥操作以及修复受损土壤等多种农业实践中。

一、选择（生物）有机肥

应依据树木的生长状况来选择有机肥料，堆肥也同理。对于幼树，为了确保充足的氮供应，应选择碳氮比较低的有机肥或堆肥，以提高氮含量。而对于已经挂果的树木，则应使用碳氮比较平衡的有机肥料，如初始碳氮比约为 25 的堆肥，以维持树木的健康生长并提升果实的品质。通过这种方式，可以简化全年的树木管理。在追肥时，可以通过调整氮和钾的供应来控制果树的生长。增加氮肥可以促进树木生长，而增加钾肥则有助于控制树木的生长速度。这样的施肥策略有助于实现对果树生长的有效调控，优化果园的生产管理。

二、调节树势

调整树木的生长势是果园管理中的一项重要任务。图 7-2 所示果园中，有高接换种的柚子，果树在结果后仍有大量新梢生长，树势过于旺盛。在这种情况下，采取环割等措施来控制旺长是常见的做法，但如果同时施用高氮的肥料，如鸡粪，可能会抵消环割的效果，因为高氮肥料会促进新梢的生长。

在该果园举例中，存在几个矛盾点：第一，进行环割以控制旺长，但仍然施用高氮肥料，这与环割的目的相矛盾；第二，树的砧木是柚子砧木，本身生长势就很强，再施用肥料会进一步增强其生长势。这种做法不仅浪费了肥料，也可能造成人工的浪费。因此，根据树势来调整施肥方案是很重要的。

图 7-2　柚子高接换种脐橙后旺长

控制树势可以通过调整肥料的碳氮比来实现。对于根系发达的柚子树，应减少含氮高的肥料使用。该做法可以消耗一部分土壤中的氮，从而削弱树势，使其更容易挂果。

如图 7-3 所示，两行同龄的脐橙树，左边使用红橘砧木，右边使用枳壳砧木，尽管管理措施相同，但左边的树木比右边的树木更为茂盛，这表明砧木的差异会导致树势的不同。强势砧木可能导致果树旺长，对此可以通过调节肥料中的碳氮比来进行控制。

旺长的树木通常具有一些共同特征：根系或砧木发达，施用氮肥过多，以及难以挂果。当树木无法挂

图 7-3　脐橙砧木差异导致树势不同

果时，旺长现象会加剧，形成恶性循环，导致树木不断生长而无法稳定挂果。为了解决这一问题，可以用肥料进行调节，即选择高碳氮比的有机肥料，以降低土壤中的氮含量，从而抑制树木的旺长。在堆肥过程中控制氮肥的添加，同时补充碳肥和增加磷肥、钾肥的比例。此外，选择具有解纤维、解磷、解钾功能的菌种也是应用碳氮比的一种方式。

　　除了肥料管理，还可以通过修剪、拉枝等方法来调节树势。在修剪时，可以通过去除弱枝保留强枝来促进生长，或者去除强枝保留弱枝来抑制生长，这些方法都是十分有效的管理策略。

三、选择功能菌

菌种的选择对于土壤改良和植物生长至关重要。解纤维能力强的菌种能够快速释放碳，有助于提高土壤的碳氮比；而解氮能力强的菌种则能释放氮，有助于降低土壤的碳氮比。

功能菌种类繁多，如解纤维菌、解蛋白菌、解磷菌、解钾菌、固氮菌、光合菌等，这些菌功能特性与土壤中碳氮元素的转化密切相关。例如，解纤维能力较强的菌种，碳释放得快；解蛋白能力比较强的菌种，氮释放得快；解磷菌和解钾菌实际上均有调控氮的功能；光合细菌具备固碳功能。把解蛋白、解纤维、解磷、解钾等相应的菌种全部配齐，然后用复合肥按氮、磷、钾的比例去调氮也是可以的。

四、选择绿肥品种

绿肥会涉及原位发酵，原位发酵会涉及碳和氮的比例。在绿肥的选择上，通常有两种类型：固碳绿肥和固氮绿肥。两种绿肥的选择标准主要基于碳氮比（图7-4）。固氮绿肥指的是那些本身碳氮比低于25的绿肥作物。例如，紫云英的碳氮比在13左右，因此紫云英被归类为固氮绿肥。固碳绿肥则是指那些不具备固氮功能，但通过光合作用积累大量碳水化合物的作物，固碳绿肥的碳氮比通常超过25，例如肥田萝卜。

图 7-4　根据碳氮比选择绿肥品种

对于生长过旺的树木，通常建议种植肥田萝卜等固碳绿肥，如果树木生长偏弱，这可能意味着土壤中缺乏氮素，在这种情况下，种植固氮绿肥可以捕捉大气中的氮，将其转化为植物可利用的形式，从而补充土壤中的氮含量。同时，根据前几年的施肥记录和树木的生长情况，可以更有针对性地选择适合的绿肥品种。

五、追肥碳氮平衡

在施肥实践中，通常更多关注氮、磷、钾这三种主要元素，但是碳氮比仍然是一个重要的考量因素。通过调整氮肥的施用，可以间接调控土壤的碳氮比。

开花、促春梢、稳果肥以及壮果肥以氮为主，通常还会加上钾。通过施用高氮高钾肥料，可降低土壤的碳氮比。因为此时的果实能够有效吸收营养，且能够抢夺叶片的营养，所以在上述阶段施肥，营养能够累积到果实中。

稳果以后，施壮果肥的时间节点，一般根据果实大小进行判断。当果实有乒乓球大小，或者果实开始有重量，枝条开始往下垂的时候，开始施壮果肥。这时，果实有与叶片抢夺营养的能力，不会一直冒梢，此时就可以开始大量地施高氮、高钾肥。施肥的时间节点很重要，如果施肥的时间节点选择过早，可能会导致树木过度营养生长，即夏梢的过度发育，从而消耗了本应流向果实的养分。当然除了合理施肥外，还可以采用其他控梢技术，如使用杀梢剂等，来控制夏梢的生长。

六、修复毒土

对于种植来说，修复毒土是非常关键的技术。许多老旧果园由于缺乏科学的肥料管理，导致土壤质量下降。如果未能及时补充有机质和有机营养，土壤就容易退化。

一旦土壤退化，某些营养成分会在土壤中积累到过高浓度，形成所谓的"毒土"，这不仅包括重金属，也包括其他有机污染物。这些物质若未得到及时分解和转化，其浓度的升高将导致土壤无法支持植物生长，甚至造成更严重的环境问题。因此，针对土壤中这些可能导致"毒土"形成的重金属等污染物，必须采取有效措施，应通过科学的土壤修复技术，恢复土壤的健康和生产力。

修复受损土壤首先需要明确造成土壤问题的原因。这涉及调查土壤退化的根源，了解过去的施肥历史，包括前几年的施肥记录，并据此进行针对性地调整。修复方法主要有两种：种植绿肥和培养功能菌。种植绿肥不仅能够改善土壤结构和增加有机质，还能为功能菌提供生长环境，而功能菌的培养是修复过程中的关键，功能菌有助于分解土壤中的有毒物质，恢复土壤活力。

碳氮比的综合调控技术在果园管理中发挥着重要作用，碳氮比不仅关系到树体的营养状况，也影响土壤的健康状况。通过调整碳氮比，可以优化树体和土壤的营养状态。虽然碳氮比是一个理论上的参数，需要通过检测来确定，但在实际操作中，可以根据树势、土壤状况和施肥情况来大致判断并进行调整。这样的管理方法有助于维持果园生态系统的平衡，促进果树健康成长。

第八章
果园土壤培菌技术

果树与土壤的关系可以用"根生土中间，喘气最为先"来形容。在种植领域，对于土壤的要求，首先要解决水和气之间的关系，果树对土壤要求既疏松透气又能提供水分。其次，土壤酸碱度要适宜，也就是 pH 要合适。最后，对于养分这一方面，土壤中营养要全面、均衡，16种必需营养元素要全面地供应，并且缺一不可，土壤能保水保肥，供肥能力比较强。

第一节　土壤肥力五大因素

果园土壤的肥力并非仅指土壤中所含肥料的多少，而是一个综合性概念，它涉及多个关键因素。这些因素包括土壤的透气性、水分保持能力、温度调节、养分含量以及土壤微生物的活性。简而言之，土壤的肥力是由水、肥、气、热、菌这五大要素共同构成的协调体系。

一、水和气

土壤的水分和透气性是果园管理中需要细致平衡的两个关键因素。良好的土壤通透性有助于根系的呼吸和生长，但往往意味着土壤中的水分较少。相反，土壤水分充足时，透气性可能降低，这可能导致土壤缺氧，危害根系健康。在干旱季节，土壤缺乏水分，颗粒间的孔隙充满空气，虽然有利于根系呼吸，但缺乏水分和养分的供应，会影响树木的生长。

而在春夏雨季，许多地区雨水充沛，土壤水分充足，但透气性降低，可能导致根系缺氧。为了解决这一矛盾，果园设计时可以采取起垄种植的方式，以减少雨季水分过多导致的透气性问题。但是起垄以后，下半年高温干旱，秋季甚至可能会造成土壤水分相对偏少，而透气性会比较好，这时就需要加强水肥一体化设施的建设，比如说微喷滴灌，还有人工拖管浇灌等模式，补充土壤水分，同时把肥浇下。

在平地或土壤黏性较大的果园，通常需要开挖深沟并起垄，以确保良好的排水效果。而在山地果园，由于地形自然排水良好，透气性相对较佳，土壤不易积水，因此山地的果园在处理透气性和水分的矛盾时具有一定的优势。所以在透气性和水分的矛盾处理这方面，需要提前做一些果园的差异化平台设计。

二、热

土壤温度是影响根系生长和吸收的关键因素，其随季节和天气的变化而自然波动。土壤温度较低时，会直接影响根系的功能，因为根系和地上部分的适宜生长温度通常在 $20 \sim 30℃$ 之间，这一温度范围主要在春末、夏季和秋季出现。

土壤温度对土壤微生物的活动也有显著影响。在冬季低温条件下，微生物的代谢活动减缓，其分解土壤中的有机质和矿质元素的能力减弱，导致土壤的供肥能力下降。因此，在低温季节施肥时，应选择易于根系吸收的有机小分子养分，并搭配少量速溶性无机养分，以促进根系的吸收。相反，在夏季和秋季，随着温度的升高，土壤微生物的代谢活动增强，微生物分解土壤养分的能力也变得更加活跃。这时，土壤中的水溶性小分子养分增多，可以随着水分直接到达根系，提供必需的营养，因此土壤的供肥能力较强。

三、肥

土壤的肥力是一个综合概念，不仅包括土壤中固有的养分，如有机质、腐殖质、氮、磷、钾，以及钙、镁、硫等中量元素和微量元素等矿质元素，还包括人工添加的有机肥料和追肥肥料。

四、微生物

土壤微生物与土壤透气性、土壤水分、土壤温度、土壤养分都是息息相关的，其能把土壤的透气性、水分、温度和养分有机地结合起来，当然，这四个因素反过来也一样会影响微生物，微生物在这四大因素里面扮演着核心角色。

微生物在土壤中作为分解者，是养分转化的关键桥梁。没有微生物的参与，土壤中的大分子和难溶性养分就难以被分解并溶于水中，从而无法被根系吸收，土壤的供肥能力将大打折扣。

土壤的五大因素即透气性、水分、温度、养分和微生物共同作用，形成了土壤供肥能力最佳的区域，通常也是作物根系最适宜分布的土层，通常有10～40厘米深。在这个区域，土壤透气性好、水分适量、温度稳定、养分集中、微生物活跃，为根系提供了良好的生长环境。因此，果园土壤的肥力不仅仅是土壤养分的简单叠加，而是这些因素相互作用、协调的结果。这种综合作用确保了根系的健康生长和营养的有效吸收，从而促进了作物的整体健康和生产力。

第二节　优质土壤特点及改土思路

土壤管理的核心就是如何去扩大根系集中分布层，如何让根系有较好的生存环境。无论是小树下肥改土及之后的扩穴改土下肥，还是成年树整个树盘的果园土壤管理，目标都是把土壤的生态环境改良好，让根系更好地生长。所以良好的土壤必须要满足养分充足、水分适量、空气流通、温度适宜等条件，此外可能还需要机械的支撑牢固，不能被风吹倒。基于此，大家就知道如何去为果树提供比较好的营养条件和生存环境了。

一、优质丰产果园土壤的几大特征

1. 活土层厚

活土层厚是指土壤中活土层的厚度至少在 60 厘米。活土层是土壤的重要组成部分，其厚度直接影响着植物根系的生长和发展，进而影响作物的产量和质量。厚度至少在 60 厘米的活土层，可以提供充足的生长空间，有利于植物吸收养分和水分，从而促进作物的健康生长。此外，活土层的厚度还影响着土壤的物理性质，如透气性、保水性等，这些性质对于土壤生态系统的稳定和植物的生长都有着重要的影响。因此，保持和增加活土层的厚度是农业管理和土壤保护的重要任务之一。

对于新开的果园，尤其是在平地或山丘上建立的果园，活土层可能相对较薄。在这种情况下，需要特别注意保护和增加活土层的厚度。在果园的规划和建设过程中，应避免将表层土壤全部挖掉，因为表层土壤是活土层的重要组成部分。在整理果树带时，应保留这些表层土壤，并将其集中在种植区域，避免将其推走或埋得过深。

2. 土壤疏松

当土壤中的砾石含量大约在 20％时，土壤的透气性和透水性较好，这有助于防止水分过多积聚，从而避免积水和涝害的发生。同时，土壤需要具有一定的黏性，通常由大约 30％的黏粒来提供，以保持必要的养分和水分，确保土壤的保水保肥能力。这两点实际上有一定的矛盾，但是这样的土壤能同时满足根系的呼吸作用和根系的营养吸收作用，壤土就具有这样的特点。

3. 有机质含量高

土壤有机质是衡量土壤质量的关键指标之一，有机质含量在 2％～3％时被认为是相对理想的状态。优质的果园土壤有机质含量可能达到 4％甚至 5％，而贫瘠的果园有机质含量可能仅有 1％或更低。土壤有机质含量超过 3％

的果园往往更容易实现高产。

尽管一些果园大量进行施肥和灌溉，但效果并不理想，这通常是因为土壤结构未得到有效改良，导致土壤的供肥能力不足。在这种情况下，仅仅关注肥料和水分是不够的，还需要重视土壤的透气性和其他物理性质。

二、改土思路

在进行土壤改良和管理时，应遵循一些基本原则。土壤改良的核心是增加土壤的水、肥、气、热。这些因素的稳定性是改良土壤时必须考虑的，而有机物质在土壤中扮演了稳定因素的角色，有机物质在土壤中可以体现水、肥、气、热这四大因素的相互作用。因此，通过增施有机肥来改良土壤，实际上解决了土壤改良的核心问题。评估土壤的质量时，不应仅关注养分含量，而应综合考虑水、肥、气、热和菌等因素。只有当这些因素都能得到充分满足时，才能认为土壤是真正健康的。

1. 以局部改良为主，逐渐实现全园改良

研究表明，如果土壤中有 1/4 的根系处于适宜的生长环境，这些根系就能有效地支持地上部分 3/4 的养分需求。因此，在进行土壤改良时，可以采取局部改良的策略。例如，在扩穴时，可以选择性地改良一部分土壤，今年施肥时只施用到一半的区域，就能确保这一半的土壤改

良效果较好。明年再对另一半进行改良，通过这种交叉和局部改良的方法，逐步实现整个果园的土壤改良。局部改良的另一个含义是专注于改良果树树盘的土壤，通过适当的扩穴来减少整体改良土壤的成本。由于全面的土壤改良会耗费大量的人力、物力和财力，因此可以先从树盘开始，通过几年的培育，包括种植绿肥等措施，逐步实现全园的土壤改良。

2. 养好表层及中层、通透下层

在进行土壤改良时，不必过度深耕。初期应重点改良果树水平根能够到达的表层和中层土壤，这个深度范围通常是10～40厘米。对于下层土壤，即果树深层根系所在的区域，适度松土即可，关键是保持土壤的通透性。大多数果树的根系主要集中在土壤的表层和中层，这些区域的土壤条件直接影响到根系的吸收能力和果树的整体健康状况。

第三节　培育土壤团粒结构

果园土壤团粒结构的培育技术，实际上也称为土壤的培菌技术。因为在实践中，土壤肥力的透气性、水分这两个因素会出现矛盾，而团粒结构可以解决该矛盾。

一、土壤团粒结构

沙土、壤土、黏土最终都可以实现土壤团粒化，包括像一些单粒结构构成，然后变成小团粒，最终变成一个团粒构造，改土就是这样的一个过程（图 8-1）。

图 8-1 展示了一个微小的团粒结构，团粒结构是土壤中一种理想的微生态环境，其由石英、黏土、有机质、水分、空气以及微生物等组成。这些成分共同构成了土壤中的微小空间，形成了一个复杂的生态系统。团粒结构的形成是土壤肥力的综合体现。

二、团粒结构的好处

团粒结构为土壤带来了众多益处。第一，它是解决土壤中水分和空气矛盾的关键因素。团粒结构的存在使得土壤在保持水分的同时，也保证了根系的呼吸，从而调节了土壤有机质中养分的消耗与积累。

第二，团粒结构是动态变化的，团粒结构在形成的同时也会逐渐消失。这一过程中，团粒结构为土壤提供了有机质和必要的养分，包括水分和空气，这些都是植物生长不可或缺的。

第三，团粒结构有助于稳定土壤温度，调节土壤的热状况。团粒结构形成了一个微小的生态空间，这个空间具

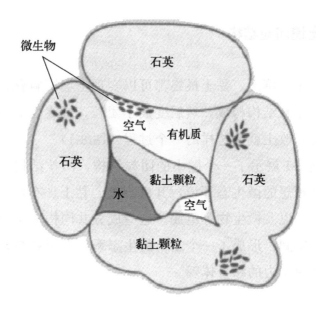

石英和黏土颗粒、有机质；水、气体
和微生物菌落组成的土壤生态环境

图 8-1　团粒结构模式图

有保温作用，并能减少温度波动。高温时，水分有助于调
节温度；低温时，同样需通过水分来协调。

　　第四，团粒结构改善了土壤的耕性，有利于作物根系
的伸展。根系的生长需要良好的透气性、养分和水分，而
团粒结构的形成为根系提供了理想的生长环境，使得根系
能够健康生长。

　　在干旱条件下，团粒结构能够储存并释放水分，减少
土壤水分的蒸发，从而提高果树的抗旱能力。在雨水过多
或积水情况下，团粒结构中的大孔隙可以提供氧气，保证

根系的呼吸，减轻因水分过多造成的根系缺氧问题。团粒结构中含有的有机质和矿质养分，能够为植物提供必需的营养，同时微生物的活动还能促进养分的转化和循环，以上都是团粒结构的优点。后文会进一步介绍土壤的团粒结构是怎么形成的。

三、形成团粒结构的因素

团粒结构的形成依赖于几个关键要素：首先是腐殖质和胶体物质，它们源自植物根系的碳水化合物，属于有机质的范畴。其次是微生物，微生物在土壤中进行代谢活动，产生代谢物，这些代谢物参与有机物的分解和合成，生成氨基酸、有机酸等分解产物。这些物质与土壤中的石英颗粒和有机质结合，初步形成单粒结构，进而发展成小团粒、中团粒，最终形成理想的团粒结构。

在土壤生态修复中，有机质、植物和微生物是不可或缺的活跃因素。有机质可以通过施用有机肥、种植绿肥以及植物根系死亡来补充。植物通过根系不断修复土壤，枯枝落叶也为土壤提供有机质。此外，植物通过光合作用产生的部分碳水化合物也被输送到土壤中。微生物在这一过程中扮演分解和合成的双重角色，不仅能分解有机物，还能从小分子合成大分子，如腐殖质的形成就是微生物合成的结果。

在土壤修复和团粒结构形成过程中，关键因素包括矿物质、水分、有机质、空气以及微生物，温度也是不可忽视的因素。适宜的温度能显著提高微生物的活性，从而加速团粒结构的形成。然而，温度需保持在微生物可承受的范围内。水、肥、气、热这些要素通过活跃的微生物进行调节，共同促进团粒结构的发展。有时土壤中也会形成腐殖质，这是在有机肥堆肥过程中，有机物料经过微生物分解和合成作用转化而来的大分子物质。

土壤有机质对提高土壤肥力的作用，主要有六点。第一，提供植物和微生物所需要的养分，例如有机的氮、磷、钾等。第二，促进植物的生长发育，因为土壤有机质能产生一些小分子的养分。第三，促进土壤微生物的活动，满足土壤微生物的生存条件，微生物需要以有机质作为营养来进行分解代谢。第四，改善土壤结构，增强其保水性和透气性，从而优化土壤的物理性质。第五，提高土壤的保肥能力，以及对酸碱变化的缓冲能力。第六，减轻重金属和农药的危害。

以上这些对土壤肥力起了决定性的作用，所以在进行土壤改良时，首先需要通过添加有机质来提高土壤的肥力。这可以通过施用有机肥、种植绿肥等方法实现。有机肥的施用能够激发土壤中微生物的活性，随着微生物活动的增强，土壤团粒结构逐渐形成，从而能改善土壤的物理性质和生物活性。

土壤生态微生物有八大菌群，菌群之间具有协同作用（图8-2）。八大菌群包括硝酸菌群、溶磷钾菌群、放线菌群、乳酸菌群、生长菌群、光合细菌群，还有酵母菌群、固氮菌群，它们构成了根际微生物生态系统，不仅在根际活跃，在非根际土壤中也发挥着重要作用。这些微生物群落受到温度、光照、水分、空间和时间等多种环境条件的影响，其综合作用促进了土壤中养分的循环和能量的流动。

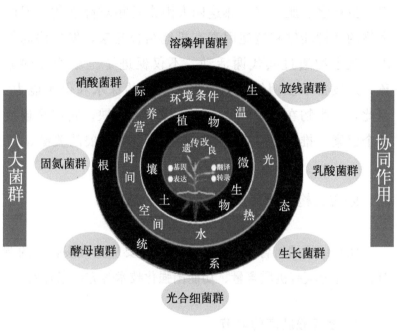

图 8-2　土壤生态微生物菌群八大菌群

　　土壤生态系统的修复依赖于有机质的增加，如施用有机肥，这有助于构建土壤结构并改善其物理性质，特别是透气性。保水和保肥能力是土壤健康的关键，它们为微生物活动提供了必要的条件。只有当这些条件得到满足时，微生物才能有效地发挥作用，从而促进土壤生态的恢复。为了增强土壤的供肥能力，需要综合考虑水、肥、气、热和微生物这五大因素。微生物肥料的添加可以人为地强化土壤中微生物的数量和活性，这对于实现植物的健康生长至关重要。

　　土壤、微生物和植物共同构成了一个复杂的生态系统。在实际的土壤修复过程中，微生物的修复效能尤为关键。虽然水、肥、气、热这四大因素是相对静态的，但微生物的活性能够将这些因素有机地结合起来，发挥协同作用。微生物通过其代谢活动，不仅促进了土壤养分的循环，还改善了土壤结构，增强了土壤的保水和保肥能力。因此，微生物在土壤修复中的作用不可或缺，它们是连接各个因素、推动土壤生态系统向健康方向发展的关键。

四、团粒结构的培育技术

　　团粒结构的培育技术具体措施，主要从土壤酸碱度的调节、提升土壤有机质含量、功能菌强化技术等方面来开展。

1. 土壤酸碱度的调节

　　pH 实际上是影响微生物生存和根系伸展的一个关键参数。土壤 pH 一般有过酸、过碱两种情况，柑橘果树通常偏好弱酸性土壤，理想的 pH 范围在 5.5～6.5 之间。

　　土壤过酸会抑制根系的正常发育和微生物活动，尤其是细菌，因为它们更偏好中性环境。过酸的土壤可能导致真菌性病害增多和土壤肥力下降，可以施用磷肥、钙镁磷肥或适量生石灰，以及种植碱性绿肥如肥田萝卜和紫云英等进行调节。磷肥和生石灰能快速中和酸性土壤，而绿肥和有机肥则有助于长期改善土壤结构和肥力。对于偏碱性的土壤，可以通过添加硫酸亚铁或种植酸性绿肥作物如苜蓿和黑麦草来进行调节。此外，施用酸性有机水溶肥，如枯饼水肥，也是一个有效的调节手段，因为它们含有机酸，有助于降低土壤 pH。

改良土壤的第一步是测量土壤 pH。根据测量结果，采取相应的措施进行调节，以确保土壤 pH 保持在适宜的范围内，从而促进根系健康生长和微生物活动，提高土壤肥力。

2. 提升土壤有机质含量

增施有机肥是提升土壤肥力和稳定性的关键措施。选择碳氮比平衡的有机肥对于维持土壤健康至关重要。理想的有机肥碳氮比应为 15～20，这样的比例既能满足微生物生长的需求，又不会导致碳或氮的过量，从而促进微生物的活跃和土壤团粒结构的形成。在选择有机肥时，可以通过检测有机质和氮含量来计算碳氮比，确保其适合土壤和作物的需求。

种植绿肥，如肥田萝卜、紫云英和苜蓿等，是快速补充土壤有机质的有效方法，同时还能显著降低成本。一般推荐在改良土壤时，用肥田萝卜这种根茎类绿肥补充土壤的有机质。这些绿肥作物在压青后通过腐熟分解，可以利用不动土技术体系中的原位发酵技术，进一步增加土壤有机质。通过浇灌微生物菌剂和调节 pH，可以加速绿肥的分解过程，使其更好地渗透到土壤中，从而快速补充土壤有机质。图 8-3 展示了在果园条带中间，套种豆科类、生草覆盖等来提升土壤有机质的果园。通过这种模式可以快速地补充土壤有机质。

图 8-3　果园套种豆科类、生草覆盖处理提升土壤有机质

由图 8-3 可见，绿肥的亩产量非常大，既不影响果树的光照，也不影响果树的施肥，生物量达到最大时可以进行旋耕或者直接压青，让地上部分和地下的根系腐烂来补充土壤的有机质。

对于新开果园，如果土壤条件不利于绿肥生长，可以通过施用有机肥来改善土壤，促进绿肥的生长，从而形成良性循环。实现不动土栽培技术的应用，可以通过微生物活动调节土壤，形成团粒结构，从而快速补充土壤有机质。生草法，即在果树行间种植草类，是一种不进行土壤耕作的管理方法，它有助于保持和改善土壤的物理化学性质，增加土壤有机质，保水保肥，维持生态平衡，减少地表的昼夜和季节温度变化，有利于根系的生长，也方便机械化作业，省工高效。

生草法虽然优点众多，但也可能导致草类与果树之间出现养分和水分的竞争，尤其在高温干旱时期更为明显。因此，生草法适用于土壤水分条件良好、缺乏有机质、土壤深厚且易发生水土流失的果园。在高温季节来临前，可以通过绿肥压青或使用除草剂来控制草类生长，将其覆盖在土壤表面，以保水并减少水分蒸发，这种地面覆盖方式对于保持土壤湿度和稳定土壤温度非常有效。在新开果园时，直接覆膜可能会忽视生草对土壤改良的益处，导致土壤改良进程放缓。

覆草通常在5～6月进行，此时整理好树盘并覆盖草料，可以有效保持土壤水分和养分。由于果树根系主要在树盘内吸收营养，因此在树盘内覆盖草料对于保水保肥尤为重要。在追施速效氮肥后再进行覆草，可以更好地促进草料的分解和土壤肥力的提升。覆盖草料的厚度建议保持在15～20厘米，该厚度既能有效保湿，又能抑制杂草生长。对于成年树的密植园，可以实施全园覆盖草料的策略。而在幼树园或者草源不足的情况下，可以选择行间覆草或者仅覆盖树盘。持续覆盖草料对于果园的精细化管理非常有益，建议果农常年不断地进行树盘覆盖，以实现土壤的长期改良和果园的可持续发展。

3. 功能菌强化技术

功能菌可以通过人为添加的方式引入土壤。需要确保这些有益微生物在土壤中占据优势地位。通过大量培育功能菌并施用到土壤中，可以帮助土壤快速形成理想的团粒结构。市场上有多种微生物菌剂产品，它们在生产过程中经过特殊培育，含有不同数量级的微生物，从 2 亿/克到 1000 亿/克不等。这些菌剂可以施用于土壤或植物根部，无论是通过水肥还是有机肥的方式，都能在土壤中发挥重要作用。这些微生物如同土壤中的"地下工作者"，自动在土壤环境中进行工作，分解有机物和难溶的矿质元素，释放出代谢产物。微生物在土壤中经历生长、繁殖和死亡的自然过程，其细胞分解后释放的养分进一步提升了土壤肥力。

功能菌能够将土壤中的水、肥、气、热这几个因素团结起来，促进团粒结构的形成，这是土壤修复成功的重要标志。微生物可分泌包括有机酸、生物碱、生物酶在内的次级代谢产物以及核酸、蛋白质、氨基酸等初级代谢产物，这些物质与土壤颗粒结合，可形成稳定的团粒结构。

"无机＋有机＋微生物"的平衡施肥技术，是用肥方式中较推崇的施肥技术。这种技术可以通过施用含大量元素、中量元素和微量元素的肥料来补充无机养分，添加枯饼水肥、氨基酸和有机酸等有机物质来提供土壤有机质，以及引入功能菌来增强土壤生物活性等。这种综合施肥模式不仅易于实现生态施肥，还能促进土壤生态系统的健康，是一种可持续的土壤管理策略。

第九章
不动土技术体系应用

第一节　开春前的准备

不动土栽培技术在开春前的准备工作可分为三个方面。第一，以多年生的柑橘为例，分析果树在开春前的生理状态，即果树在"做"什么；第二，分析气候对果树的影响，以及需要注意哪些问题；第三，介绍不动土栽培技术在开春前的具体农事操作。

一、开春前，暗流涌动

1. 果树在"做"什么？

在春季来临之前，柑橘类果树如赣南脐橙、湖南脐橙、湖北脐橙、广西沃柑、四川耙耙柑等，主要进行花芽分化。这一过程大约从 10 月份秋梢成熟后持续到 12 月份，这一阶段是果树的生理分化期。随后，从 12 月份到翌年 2 月份，果树进入形态分化期，整个花芽分化过程大约持续四个月。在花芽分化期间，为确保花芽分化和随后的春梢生长及开花，需要为果树补充必要的营养。因此，冬季的营养补充至关重要，能为春季的花芽分化、春梢生长和开花奠定基础。

春季到来后，柑橘果树的花和芽开始萌发。在这个阶段，花和芽的分化已经基本定型并接近完成，因此这一时期对果树的管理尤为关键。

2. 绿肥在"做"什么?

在不动土技术体系中，绿肥的种植通常从 11 月份开始，主要选择充当绿肥的作物包括肥田萝卜、紫云英和苕子等。其中，苕子作为一种固氮绿肥，是更为推荐的选择。

在冬季，如果适当降雨，这些绿肥作物则能生长旺盛。这是因为大多数杂草在低温的冬季生长缓慢或处于休眠状态，而绿肥作物则能利用这一时期快速生长。绿肥作物通过光合作用利用太阳能、二氧化碳和水，将转换的有机质输送到土壤中。如果播种过密，可以通过间苗来调整植株间的间隔，从而让萝卜等作物有更多空间生长。而苕子以其匍匐生长的特性，能够迅速覆盖果园的条带和坡面。

在 2～3 月，如果绿肥作物生长不佳或土壤肥力较差，可以适当施用尿素、复合肥等速效肥料，以增强绿肥的生长势头。总之，在不动土技术体系中绿肥种植的关键时期是从 11 月到翌年 3 月，这段时间对于绿肥作物生长和土壤改良效果至关重要。

3. 土壤在"做"什么?

在果树花芽分化期间，特别是在冬季，根系可能不会长出新根或生长缓慢，但仍在进行缓慢代谢和营养吸收。此时由于微生物活性下降，土壤营养供应缓慢，无法满足根系的营养需求。为了解决这个问题，可以增加小分子有机水肥的使用，如枯饼水肥，其在不动土技术体系中发挥着重要作用。

冬季可以施用枯饼水肥和适量的平衡型复合肥，以补充土壤肥力，但由于目前果树正处于花芽分化的关键时期，植物对营养的需求并不高，因此施肥浓度应保持在较低水平，施肥策略需要调整以适应这一物候期的特点。

二、树体营养储存与消耗

1. 树体营养异常提前消耗

柑橘在花芽分化的这段时间，从 10 月份到翌年的 2 月份，可能会遭遇气候异常，比如赣南脐橙，在这段时间晚秋梢甚至冬梢可能会萌发出来，这是较普遍的现象；此外，还有部分树木会在冬天开花，暂时还无法界定其是否为普遍现象。因为温度和雨水的干扰，有些地区下半年严重干旱导致树体营养偏少、储存营养不足，所以会出现冬天开花、冒梢出芽等现象。这会导致树体营养的过早消耗以及春天开花和春梢生长时树体营养供给不足，进而影响来年的产量。保花保果的本质就是营养的分配协调，在此过程中如果树体营养不够，会导致保花保果困难，因此要格外注意。

2. 春梢

若果树在冬季提前消耗了大量营养，则会导致春梢生长不健康。春梢对于当年的营养供应至关重要，而秋梢则为来年提供了营养基础。如果春梢发育不良，后期的营养补充将变得困难。

3. 开花坐果

果树开花期间会大量消耗树体的营养，尤其是在授粉受精的关键时期。如果前期营养消耗过多，可能会导致树体在开花后期营养供应不足，影响授粉受精的效率，进而降低坐果率。因此除了保花保果，如何及时补充树体的营养消耗也很重要。

果树在开花、授粉受精期间主要需要的营养元素包括氮、钙和硼等，这些元素应提前进行补充。在处理特殊情况，如冬季干旱或温度异常导致冬梢生长和开花时，树体的营养可能会提前消耗，从而影响春梢的生长、开花、授粉受精和坐果。为了应对这些问题，需要重视两个方面：一是确保来年春季春梢的健康生长；二是为来年的保花保果做好准备。这要求对树体的营养状况有充分了解，并采取适当的管理措施，避免因营养不足而导致减产或出现大小年现象。

三、开春前，备战工作

为确保果树在春季的健康生长，冬季的准备工作至关重要。由于冬季土壤温度较低，土壤中的养分供应可能不足，因此需要人工补充营养。特别是对于多年生的柑橘树，冬季是花芽分化的关键时期，对营养的需求尤为迫切。

1. 肥料准备

首先要做的就是准备大量元素肥料，尤其是氮肥，因为它在上半年的消耗量最大，特别是在果实膨大期。一旦果实膨大期结束，氮肥的消耗将基本完成，因此在这之前就需要补充高氮型复合肥。其次，钙和硼是两种移动速度较慢的元素，需要提前补充。可以在水肥中添加适量的硼肥和钙肥，并结合施用枯饼水肥，适当添加平衡型复合肥。

此外，硝态氮肥因其能被快速利用，在春季低温条件下尤为适宜施用。因此，在春季初期，适当补充硝态氮肥可以带来良好的效果。建议在年前进行一次枯饼水肥的施用，并加入大量元素肥、钙肥和硼肥，大量元素肥、钙肥和硼肥通常建议的施用浓度为 0.2%。枯饼水肥原液应稀释 10～20 倍后施用。建议在立春时再次施用肥料。这样做的目的是为春梢生长和开花期间的营养消耗做好准备，因为这段时间的营养需求非常大，单次施肥往往不足以满足需求，通常需要多次补充。

2. 枯饼水肥准备

枯饼水肥的发酵技术是果园管理中的一个重要环节。由于微生物在发酵中起着关键作用，其负责分解枯饼中的蛋白质和有机物质，如果微生物活性不足，发酵效果将受到影响。因此，枯饼水肥的发酵最好在秋季进行以便在冬季使用。即使在冬季使用时微生物活性并不高，枯饼水肥仍能为土壤提供养分。

此外，春季温度回升后，可以开始新的发酵周期。在冬季或秋季提前浸泡枯饼，然后在春季温度适宜时激活微生物并进行发酵，5 天左右即可完成发酵过程。

3. 营养管理

为确保明年春季果树的营养充足，应提前进行肥料的准备和施用工作。年前施用一次枯饼水肥至关重要，能够为树体储备必要的营养。具体的施肥方案为：将枯饼水肥稀释 20 倍，加入 0.2％的平衡型复合肥，同时加入适量的钙肥和硼肥，钙肥和硼肥的浓度可设为 0.1％，且优先选择螯合钙。此施肥操作应在年前完成，从而为树体提供充足营养。

立春后，也就是春节过后，需按照同样的配方再施用一次水肥。随着芽点开始萌动，还需要再施用一次或两次水肥，以确保树体拥有充足的营养储备。值得注意的是，不可依赖于一次性的芽前肥，因为届时进行营养补充可能来不及，会导致树体的营养储存不足。一旦树体的营养储备不足，将影响明年春梢的生长、花的质量、授粉受精效果以及坐果率，使得保花保果工作变得困难。

施肥之所以如此重要，是因为上半年的肥水消耗主要集中在春梢生长和开花期间，这一时期的营养需求可能占到全年追肥量的 20％～30％。因此，提前规划施肥十分关键，如在 12 月份或冬至左右施用冬储肥，可以有效减轻果树大小年现象，通过营养调配减少其危害。春节前施肥可以减轻开春后的施肥压力，避免因施肥过晚导致春梢和花的老熟缓慢，以及未老熟叶片对营养的消耗，影响开花期间的营养供应。开春前的准备工作还包括枯饼水肥的发酵，通常在秋季进行，以便在冬季使用。同时，也要为春季准备发酵肥料，以满足春季的生长需求。通过这些措施，可以确保果树在春季能获得充足的营养，可促进其健康生长和提高产量。

4. 冬肥与绿肥

冬肥可以选择施用有机肥，特别是若无法避免动土作业的情况下，要准备好开沟施有机肥。此外，如果条件允许，还可以直接种植绿肥。对绿肥来说，冬季也是关键时期，如果绿肥长势不好，可以先施用有机肥使其快速生长。绿肥种植与土壤条件相关，它是提高土壤有机质含量最快且成本最低的方式之一。

冬天微生物的活性非常低，微生物的作用微乎其微，所以肥料的选择主要侧重于无机肥和有机肥两种。因此冬季的施肥应重点考虑将枯饼水肥和无机肥配合使用。

四、开春后，农事操作

1. 绿肥第一次处理

春季是果园管理工作中的关键时期，特别是对于绿肥的处理。随着春季的到来，之前种植的绿肥作物如肥田萝卜已经生长得相当茂盛。这时，需要对这些绿肥进行适当的管理，以确保它们能够有效地为土壤提供养分。当肥田萝卜长得过大时，应将其地上部分割除或踩踏，这一工作主要针对树盘范围内进行。处理后开始浇水肥，以促进绿肥的分解和养分的释放。由于肥田萝卜的根系深入土壤，去除地上部分后，浇水肥将有助于萝卜快速腐烂并使其转化为土壤养分。对于苕子等其他绿肥，通常不需要复杂处理，只需确保它们不被堆放在树上，同时简单整理树盘周围的绿肥即可。

春季的第一次绿肥压青和原位发酵技术是开春后需要优先进行的工作。压青工作主要集中在树盘区域，而树盘以外的绿肥可以暂时不予处理。

2. 获得质量好的春梢

开春后的工作重点是促进春梢的良好生长，需要确保春梢叶片大而绿，厚实且春梢长度适中。如果果树春梢短，叶片又小，老熟以后其光化作用效率会非常低，春梢发育不好的树容易衰弱。

要让果树长出又大又厚又绿的春梢叶片以及相对较长的春梢，重点在于肥水的管理。要提前进行肥水管理，然后在萌芽的时候及时供应水肥，这是一个需要十分关注的点。如果去年的春梢长势良好，通常意味着去年春季雨水非常充沛，雨水的适时到来有助于土壤中养分的流动，使得果树能够持续吸收所需营养，从而促进春梢的良好发育。

如果冬天雨水少，一定要注意营养的补充，需浇水肥以保证春梢的健康。春梢通过光合作用制造的碳水化合物是果树生长和结果的基础，因此，保证春梢的优良发育是果园管理中的关键任务。

春季的营养管理需要提前规划和实施。由于春梢和花朵可能在同一时期生长，春梢的早期成熟有助于后期的保花保果工作。春季伊始，应重点养护春梢，及时施用肥料，甚至在冬季就应开始补充营养，以确保春梢的质量。所谓的"冬储肥"是指在冬季较低气温时段，即在 12 月底至翌年 1 月初，对果树进行的一次营养补充。这时，施用有机肥料或水溶性肥料可以有效补充树体所需的营养，为春季的生长打下良好基础。

当芽刚萌动即梢比较长时，一定要让其快速老熟。目前新梢没有老熟就会一直处于营养消耗状态，不会产生碳水化合物。这时要快速让春梢老熟，让其能够进行光合作用，形成碳水化合物来补充树体，这是比较重要的一个环节。快速老熟有几种方法，其中一种是用有机营养，特别是枯饼水肥再加上高钾的肥，来保证春梢的快速老熟。

春梢的质量会决定全年的产量，春梢会产生大量的碳水化合物，为接下来的保花保果以及树体所需营养、碳水化合物提供保障。另外，春梢也是一些果树比较好的结果母枝，所以也是为来年的产量做准备。

3. 开花坐果营养管理

开花会消耗大量营养，尤其是氮和磷，因此在授粉受精阶段，果树对氮、钙和硼的需求尤为迫切。为了确保这些关键营养的及时供应，需要采取叶面喷施的方式，因为春季通过根系补充这些营养已经来不及了。此时要使用叶面喷施钙肥或者喷施硼肥以及氮肥，氮肥可以选择氨基酸类以增强开花时授粉受精的质量。如果授粉受精的营养供应得上，后面的保花保果工作会非常轻松。

第二节　春季营养管理

一、春季物候期

春季的到来标志着果树和其他作物进入了新的生长发育阶段。对于果树而言，这一时期主要的特征是春梢的生长和开花坐果。

随着气温的回升，春梢的芽点开始萌动，果树在经历了大约四个月的花芽分化后，无论是花还是芽，其发展轨迹已基本确定。在春梢和开花的物候期，果树所需的营养主要依赖于树体内部的营养储备。此时，由于土壤温度尚未完全回升，根系对营养的吸收能力相对较弱。树体的营养主要来源于前一个季节叶片的光合作用以及根系缓慢吸收的营养，这些营养经转换后储存于树体中。树体的营养主要储存在叶片、树干、枝条和根系等部位，这些储备的营养在春季初期为果树的生长提供了支持。此外，随着春季土壤温度的逐渐升高，根系对土壤中的无机养分，如氮、磷、钾、钙、镁、硫等，吸收能力也会逐步增强，这些养分对春梢的生长和开花坐果同样至关重要。

春季有三个物候期，一是开花，二是出春梢，三是授粉受精和坐果。开花和授粉受精过程中对氮、钙、硼三种元素的需求很大。在出春梢的时候，还会涉及镁元素。春梢生长期间，镁元素对叶片的发育尤为重要，因此，在春梢生长初期，除了保证氮肥供应外，还应及时补充钙、镁和硼等元素。春梢的质量直接关系到果树全年的营养状况。如果春梢发育良好，管理得当，全年的营养管理将变得更加简单高效。相反，如果春梢发育不良，不仅光合作用会减弱，树势也会变弱，即使后期增加施肥次数，也可能导致营养浪费。因此，春季果园管理中，确保春梢质量是提高果树产量和保证果树健康生长的关键。通过适时补充必需的营养元素，可以促进春梢的健康生长，为果树的长期生长打下坚实基础。

二、绿肥与土壤

1. 绿肥种植

建议在冬天种植绿肥。绿肥主要有两种：一种是固氮绿肥，一种是固碳绿肥。固氮绿肥主要推荐的是苕子、紫云英等，它们能有效固氮，也能固碳。另一种就是肥田萝卜，它能固碳。在开春时，这两类绿肥已经生长完好。特别是苕子，可能已经铺满了整个果园，形成厚厚的一层。

2. 绿肥处理

肥田萝卜在春季已生长得非常充分，有的萝卜已经有

2～2.5 千克，甚至 3.5～4 千克。当绿肥的生物量较大时，就要注意对树盘的绿肥进行处理。还有一种情况是栽种了小树，不能让绿肥遮挡住小树的阳光，此时也要将绿肥处理掉。处理绿肥后应进行原位发酵，以快速补充土壤的有机质。

3. 土壤微生物

随着土壤温度的升高，土壤中的微生物也开始逐步活跃起来，此时土壤中的养分开始慢慢被微生物分解，土壤已经具备了提供营养的能力。土壤的生态功能开始恢复，营养开始释放。去年施用的有机肥可能有一些剩余而未被吸收，这些剩余肥料此时就慢慢地开始被根系吸收以获取营养了。土壤微生物决定了土壤中养分的分解释放，特别是一些有机养分，还有一些矿质元素的分解。当土壤微生物开始活跃起来时，枯饼水肥里面的菌也开始活跃起来了。

4. 土壤肥水

果树物候期的出现意味着果树开始需要大量的营养，这时肥水一定要协调起来，及时提供营养供果树吸收。如果出现春旱或者连续很多天没有下雨的情况，土壤湿度又比较差，就要采取措施进行管理。

肥和水是一体的，果树对营养的吸收必须要靠水，如果没有水，果树是无法吸收养分的。肥必须要靠水带动到根系附近，根系才能吸收，当果树进入到一个非常重要的物候期时，果树是不允许出现缺肥情况的。这时就要注重土壤的水分含量，如果一些区域出现干旱，一定要及时补充水分。

虽然氮、磷、钙、镁、硼等元素是主要元素，但其他元素也要及时供应。开春后很多工作都与施肥有关，特别是后期叶片发育、开花、授粉、受精和坐果等，这些物候期的到来，需要提供大量的营养给果树。春肥的使用量在全年追肥中排在第二位，而排在第一位的是后面的膨果肥。春肥建议提前进行补充，在2月1日左右，温度稍微上升就浇一次水肥，此时是把营养往前挪，可有效促进春梢老熟。

在各个物候期要提前把肥料备好，包括枯饼发酵水肥、菌肥等，在需要的时候就可以进行浇灌。各个区域时间点有所差异，这主要和温度有关，如湖南、江西、福建包括四川地区，梢刚刚萌动时，广东、广西、云南的春梢已经大批长出来了。

三、不动土春季农事操作

不动土技术体系应用时要注意的一些农事操作如下。

1. 枯饼水肥发酵

随着气温上升，土壤微生物的活性提高，有助于土壤中养分的分解和释放。这时要及时进行发酵枯饼水肥，一般需要提前浸泡枯饼。菌肥要提前准备好，温度上升马上就要开始发酵。

2. 绿肥处理

绿肥是不动土技术体系中非常重要的组成部分，它能通过原位发酵快速补充土壤有机质。苕子和肥田萝卜等绿肥作物是理想的选择，它们能够有效地提升土壤肥力。在春季的 2～3 月，当肥田萝卜和苕子长满果园时，需要对树盘内的绿肥进行处理。无论是小树还是大树，都应将树盘内的肥田萝卜砍断，将苕子压倒或清理至一旁，这一过程称为压青。

压青之后便开始进行绿肥的原位发酵。这时，需要施用液体有机菌肥，采用"无机＋有机＋微生物"的施肥模式，以高氮型肥料为主。将发酵好的枯饼水肥与高氮型复合肥或大量元素水溶肥混合使用，同时补充磷、钾肥以及速效性镁肥，这对叶片的发育极为有益。施肥应在绿肥处理后立即进行，以便有益菌分解绿肥产生促进果树健康生长的有益物质。

对于已经萌芽的果园，此时是施用芽前肥的最佳时期。芽前肥应在出芽前一周进行，但如果芽点已经萌动，应立即进行浇灌。因此，果农需要密切关注果树的生长状况，确保在关键时刻提供适当的营养支持。

3. 注意防春旱

春季干旱是许多地区常见的问题，对于果树生长尤为关键。水是果树吸收营养的关键媒介，缺水会导致春梢发育不良，影响其长度和光合作用效率。因此，在干旱时期，需保证适当灌溉。建议在无雨或干旱条件下，每7～10天浇水一次，以确保土壤湿度和营养供应。春季是果树生长的关键季节，保持土壤湿润对于促进根系吸收营养至关重要，适当的灌溉不仅有助于根系吸收营养，还能提高果树的抗旱能力。在春季，春梢期和果实膨大期对肥料的需求同样重要，这两个阶段都需要大量的肥料。在春梢生长初期，应以高氮型肥料为主，以促进新梢的生长。到了春梢生长的中后期，应转为使用平衡型或高钾型肥料，以促进新梢和叶片的老熟。对于仍在使用有机肥的地区，尤其是气温较低的地区如福建、江西、湖南、四川等，应避免在春季进行断根或土壤耕作，否则可能会影响根系的健康和果树的整体生长。正确的肥水管理对于后期的保花保果工作至关重要，有助于减轻后期的压力，确保果树的健康生长和果实的优质产出。

四、保花保果营养管理

4月份柑橘的物候期特点及不动土技术所做工作介绍如下。

1. 气候对果树营养的影响

上半年对于大多数南方省份来说，容易出现连续的阴雨天气，这会给果树的物候期带来极大的挑战。随着 4 月气温的回升，许多地区温度升至 20～30℃，这一温度区间有利于土壤微生物进行活动。活跃的微生物促进了土壤养分的活化，增强了土壤的供肥能力。在这一时期，土壤可能释放出包括氮、磷、钾在内的主要养分，以及各种微量元素。此外，土壤还可能释放有机养分，如糖类、有机酸、氨基酸和多肽等，这些养分可供果树吸收利用。此时果树已经进入到春梢的老熟期，还有一些果园可能因为春梢营养不够或者氮肥太重导致没有完全老熟。

4 月份连续的阴雨天气，导致光照不足，影响果树的光合作用。这种情况可能会导致地上部分碳水化合物供应不足，易使果树的营养供应不协调。此时，地下部分根系的营养供应充足，即无机营养包括少量的有机营养供应充足；而地上部分的有机营养、碳水化合物供应不足。果树营养供应就会出现上下不协调的情况，果树体内因碳水化合物的供应不足就会导致其合成反应受阻。因为在合成过程中需要消耗能量，能量来自于碳水化合物的消耗，所以一旦出现阴雨天气，因光合作用减弱，树上叶片合成的碳水化合物减少，就限制了养分向根部的输送，导致根系吸收的营养难以有效运输到地上部分，从而出现营养供应不足的问题。营养供应不足可能会使得保果变得更加困难。

具体表现为果实容易脱落，以及叶绿素合成不足导致果实颜色发黄，难以转绿。为了应对这一挑战，可以通过一些措施来保果，如激素保果、营养保果、环割保果等，这些方法都涉及营养的分配。

2. 提高坐果率

4月份至5月初，是春梢老熟以及坐果稳果的阶段，此时坐果率这一指标尤为重要。生理落果通常发生在这个阶段，可能包括第一次和第二次生理落果，甚至更多次。生理落果的主要原因是营养供应不足，因此，提高坐果率的核心在于优化营养分配。提高坐果率需要注意以下问题。

首先是摇花，即把花处理干净。花期后果实上还剩余一些花瓣，下雨时很难使其自然脱落，花瓣贴在小果、幼果上，长期的阴雨天气会导致其出现灰霉病症状。花瓣不容易掉落，坐果也较差，所以需要摇花。摇花措施有多种，可以通过人工摇动或使用无人机等机械方法辅助花瓣脱落，也可以通过化学方式打药来处理。

其次是保花保果。保花保果归根结底就是营养问题。对于坐果率高且稳定的果树，可能仅需两次保果措施。一般会考虑第一次使用激素保果，生理落果明显的特点是产生脱落酸，即果树体内的生长素跟脱落酸的比例增加导致落果。激素保果的方向是提高生长素、赤霉酸在树体的比例，来保证脱落酸的比例降低。第二次保果则侧重于营养补充，使用含钙、镁的叶面肥和氨基酸类营养液，同时可添加植物生长调节剂如芸薹素内酯，以促进营养快速输送，为树体提供氮源和钙、镁等元素，这样可以快速地给树体提供营养进行保果。对于生长旺盛的果树，环割也是一种有效的保果方法。环割通过切断韧皮部，阻止碳水化合物向根系输送，使养分集中供应给果实，从而提高坐果率。一般环割在45天左右会愈合，所以一些生长比较旺盛的树可以考虑进行环割。

3. 土壤肥水管理

在4～5月期间，许多地区常常遭遇持续的阴雨天气，导致土壤湿度过高，从而抑制根系的生长和呼吸。根系在植物生长中扮演着双重角色：一是吸收营养，二是合成营养。常被忽视的是，根系还需要进行呼吸作用，这一过程需要消耗氧气和碳水化合物，如葡萄糖，以产生能量，支持根系的合成、生长和营养输送。呼吸作用过程中，根系需要氧气，如果供应不足，可能导致厌氧呼吸，产生如乙醇、乙酸等小分子物质。这种呼吸方式产生的能量较少，不足以支持根系的正常功能，可能导致有毒物质的积累，如在硫酸盐呼吸过程中产生的硫化氢，可能导致根系腐烂。因此，长期阴雨天气导致的土壤缺氧，会抑制根系的呼吸作用，引发厌氧呼吸，增加根系病害的风险，所以对土壤含氧量等关键因素的管理要求非常高，尤其是在上半年。控制水分确保根系能够进行有效的有氧呼吸，对于维护根系健康至关重要。

如何解决这一问题？不动土技术体系就是解决营养供应通畅问题的关键。

一是排水。对于平地果园，尤其是那些容易积水的稻田或水田果园，在垄面排水方面，必须采取有效的排水措施。通常，平地果园应筑起垄，垄的高度应达到 20～30 厘米，垄面也应适当加宽，以预防下半年可能出现的干旱问题。上半年，垄面的高度保持在 20～30 厘米，有利于侧根的吸收，使侧根始终位于垄面上，避免积水。而透气性和透水性良好且具有团粒结构的土壤本身就不易积水。

二是主沟通畅。降低果园的地下水位，通常需要将其降至 1.5 米深。主沟的深度直接影响地下水位的深度，因此主沟必须足够深，以确保水能顺利排出。主沟应环绕果园四周，深度至少为 1.5 米，以确保主根不会长时间浸泡在地下水中。另外，垄面排水有助于保持吸收根的透气性。对于平地果园尤其是土壤较为板结的果园，可以采取适当的措施，如控制垄的高度，避免垄过高导致下半年干旱。高温时水分容易蒸发，过高的垄面会使根系受损，因此只需确保吸收根位于垄面上方即可。

三是改土。这是一项长期工作，不动土技术体系是一种土壤改良技术。正如前文所述，土壤的供肥能力很大程度上依赖于土壤自身状况。土壤改良包括培育团粒结构，良好的土壤应具有团粒结构，这样土壤不易积水，根系能够正常呼吸，即使在雨天也无需担忧。

4. 营养补充注意点

在连续的阴雨天气下，如何进行营养补充即施肥是一个需要谨慎处理的问题。若光照不足，果树的光合作用效率就会降低，从而导致碳水化合物供应不足。在这种情况下，如果大量施用复合肥或化肥，可能会增加果树根系甚至整个果树的负担，因为它们会与果树争夺有限的碳水化合物。过量使用复合肥可能会使果树的保花保果变得更加困难。因此，复合肥的使用应当在光照条件较好时进行，以确保其发挥最大效率。在阴雨天气下，复合肥的使用效率通常较低。

坐果期给果树补充营养可以通过以下几个方面来进行。

第一，水肥管理。可以使用枯饼水肥，加上少量的复合肥（0.1％～0.2％）混合使用，以补充果树所需的营养。在雨天，使用硝态氮肥料可能更为适宜，但要注意硝态氮也会消耗碳水化合物。因此，建议多使用枯饼水肥，减少复合肥的使用，并适量添加中微量元素，根据果园的具体情况进行调整。

第二，叶面施肥。在阴雨天气下，叶面施肥是一种有效的营养补充方式。推荐使用氨基酸类肥料和微量元素，以及少量的复合肥或无机氮肥。特别是在果树的保花保果关键时期，要严格控制化肥的使用量。营养补充应采用"无机＋有机＋微生物"的模式，即少量无机肥料与大量有机肥料以及微生物肥料相结合，因此可以用枯饼水肥，在保花保果的时候多施浇一些，因为它的有机营养对果树碳水化合物的消耗较小。

第三，修剪与营养分配。修剪与不动土技术体系相结合，可以优化果树的营养分配。修剪的首要目的是保证通风透光，保证地上部分叶片的营养制造以及光能的高效利用。修剪还可以通过调整枝条的夹角和分布，引导营养流向，优化营养的分配。地上部分的营养主要是通过光合作用合成的碳水化合物，而不动土技术则关注地下部分营养的供应和输送。修剪和不动土技术相辅相成，可以协调地上和地下部分的营养，促进果树的丰产丰收。

第三节　夏季营养管理

夏季主要指每年的 6～8 月份，以下将重点介绍不动土技术在夏季的营养管理，包括这几个月果树营养如何去管理；在夏季柑橘主要涉及的物候期有哪些，如何用肥等。本节以赣南脐橙为例，其他果树可能会有所差异。

一、夏季物候期

在 6～7 月份为果实膨大期，果实迅速增长，对肥水的需求也随之增加。因此，这一时期应重点施用高氮、高钾的大量元素肥料，以满足果实快速生长的需求。同时，钙、镁等中微量元素的供应也不可忽视。

进入秋梢发育期，赣南脐橙一般在 7 月下旬开始放秋梢。这时可能会进行剪枝，并适当施用促梢肥料，这些肥料与果实膨大期的肥料需求相似，主要是高氮、高钾的大量元素肥料。在立秋前，一些果园可能会再次施肥，以确保充足的营养供应。立秋之后通常不再施肥，除非挂果量特别大，可能需要额外补充肥料和水分以保证果实的正常发育。

二、用肥管理

1. 用肥量

果实膨大期以及促秋梢这两个物候期有重叠，所以这段时间果树对于肥水的需求非常大。对于全年的肥料规划而言，这段时间的肥料使用量可占到全年用肥总量的 40%～60%。这意味着，如果一年的用肥成本为 10 元，那么在果实膨大期和促秋梢期间，应投入 4～6 元的肥料。在制定全年的施肥计划时，通常会将这一时期的肥料分 2 次或 3 次施用，每次施用的肥水量相对较大。这样的分配方式有助于确保果树在关键生长期获得充足的营养，同时避免因一次性施用过量肥料而对果树造成负担。壮果肥的施用通常也会满足秋梢肥的需求，以确保果树在整个生长周期中都能获得均衡的营养供应。

2. 用肥模式

在设计肥料方案时，应采用高氮、高钾、中磷的肥料配比，并注意氮、磷、钾的比例平衡。同时，钙和镁等中微量元素的补充也不可忽视，应在 5～6 月份提前施用，以确保果树在壮果肥施用前已获得充足的钙镁营养。大约在 5 月份，钙镁肥应施入土壤，然后在 6～8 月期间，重点施用壮果肥。施肥模式推荐采用"无机＋有机＋微生物"的组合。无机肥料主要是高氮、高钾、中磷的复合肥，而有机水溶肥和枯饼水肥则提供有机营养，加上功能菌的使用，可以满足果树对速效性、迟效性和长效性营养的需求。这种施肥方式有助于果树稳定吸收营养，减少脱肥现象，从而有效节约肥料成本。立秋前后，可以再次施用肥料，依然遵循这种用肥习惯。如果果树生长旺盛，可以适当控制氮肥的使用，转而采用中氮、中磷和高钾的肥料，以更好地调节树体的生长状态。

3. 用肥时间点

壮果肥的施用时机通常在小果枝梢开始弯曲，果实接近乒乓球大小时进行。立秋之后，一般需减少施肥，这段时间主要是控制肥料的施用。如果果树的秋梢或果实较多，应在前期迅速补充肥水，以确保果树的营养需求得到满足。在施肥管理中，还需要注意修剪策略。特别是要避免剪除顶部枝条的果实，以保持树体的顶端优势。无论树上挂果多少，保持顶端优势对于树体的健康和平衡生长至关重要。对于生长旺盛的树木，可以适当保留一些顶端果实以帮助控制树木的生长势头。

三、不动土夏季农事操作

1. 夏季气候特点

夏季的气候特征主要表现为高温干旱。立秋之后，气温开始逐渐下降，但"秋老虎"现象仍可能导致高温和干旱天气的持续，特别是在 8 月份，气温有时会飙升至 38～39℃，这对果树来说是一个严峻的考验。在这种高温时期，抗旱和土壤保湿工作显得尤为重要。对于一些恶劣的生长环境需要人为地改善调控，这样果树才能更好地生长。

土壤作为果树生长的基础，其状况直接影响到果树的健康。秋季尤其是秋梢发育前期和果实膨大期，保持土壤湿润至关重要。土壤中的水分不仅关系到营养的供应，还关系到养分的有效输送。水分能够将土壤中的养分输送到根系，进而被根系吸收，满足果树的营养需求。因此，水分管理在果树生长中占据着举足轻重的地位。

2. 注意抗旱

在 8 月份，果树管理的重点是抗旱，因为这是秋梢成熟和果实膨大的后期阶段。尽管此时果树对营养的需求依然旺盛，但高温天气容易导致干旱，因此必须采取有效的抗旱措施。抗旱措施包括：第一，进行除草以减少水分蒸发，因为杂草会与果树争夺水分。第二，实施地面覆盖，不仅能保水还能降低地表温度。通常在 6 月底进行，通过将割下的草覆盖在土壤上形成一层保护层来实现。对于不动土模式的果园，可以使用绿肥如苕子等进行覆盖，以保持土壤湿润。第三，合理灌溉至关重要。在 7~8 月份，自然降雨可能不足，需要人工进行浇水，如使用微喷、滴灌或拖管浇灌等方法，以确保土壤水分充足。浇水的频率应根据天气情况调整，一般每 10~15 天一次，如果连续 10天没有降雨，则必须进行灌溉。此外，还可以根据果树叶片的状态来判断是否需要补水。第四，要注意防止裂果，因为水分供应的不稳定，特别是突然干旱或过量浇水，都可能导致果实裂开。在补水时，适当补充一些磷和钾肥，有助于预防裂果的发生。

3. 不动土技术应用

不动土技术体系在夏季中的应用有五大技术，可能会涉及几大技术结合使用。

① 枯饼水肥发酵技术应用。枯饼水肥作为一种有机和微生物肥料，在果实膨大期和晚夏梢生长初期发挥着重要作用。然而，立秋之后，为了避免果实贪青和酸味难以转甜，通常不建议继续使用枯饼水肥。对于挂果量大或树

势较弱的果树，可以根据实际情况考虑适当使用。对于幼树而言，枯饼水肥的使用不受限制，可以持续施用。

②　绿肥原位发酵和覆盖技术。6月份对绿肥进行处理和发酵，然后在7、8月份进行覆盖。这里使用的是绿肥的原位发酵技术，结合了无机、有机和微生物肥料的平衡施肥技术，可以在施用壮果肥的过程中应用。

通过综合运用不动土技术体系中的各种技术，可以根据夏季的物候期、气候特点、水分管理以及肥料管理，实现夏季营养管理的目标。这种综合应用的方法有助于优化果树的营养状况，确保夏季果树的健康生长和果实的品质。

第四节　秋季营养管理

秋季即每年的9~11月，是果树生长周期中一个至关重要的阶段，此时果树主要经历生殖生长的物候期。与上半年的营养生长相比，下半年的生殖生长同样关键，涉及众多物候期，对营养管理提出了更高的要求。许多果园可能会在立秋后施用秋梢肥，认为营养供应工作已经完成，但实际上果树在这一时期对营养的需求依然旺盛，需要持续观察和满足。秋季的营养管理不仅对当年果实的膨大和品质提升至关重要，而且对次年的开花、坐果以及春梢的质量有着直接的影响。因此秋季的营养管理应该像春季一样受到重视。春季的目标是保花保果，而秋季的目标则是促进果实的充分膨大和提升果实品质。这两个阶段的营养管理策略虽然有所不同，但同等重要，都需要精心规划和实施。

一、秋季物候期

1. 糖分转化期

进入 9 月份，以赣州地区为例，随着白天与夜晚温差的增大，果树开始进入糖分转化期。这一时期对于果实的品质形成至关重要，因为温差的变化促进了果实内部糖分的积累和转化，所以该时期决定着果实品质的优劣。

2. 花芽分化期

花芽分化期是果树生长周期中一个关键的阶段，通常在 9 月底至 10 月初，花芽分化的成功与否直接影响到次年的开花量和果实产量，其需要一定条件刺激，比如说低温、断根、碳氮比等调节，所以花芽分化期一般在秋梢老熟以后到来。这个时候需要采取措施促进花芽分化，为明年的春梢和开花提前做好准备，这是花芽分化期的重点。

3. 果实成熟期

9月和10月是果实风味形成的关键时期，对肥水的管理需要格外谨慎。此时不宜通过根系施肥，因为秋梢成熟后果树将开始花芽分化。如果果实在这一时期营养不足，可以通过叶面施肥来补充。例如，可以使用磷酸二氢钾配合含有机氨基酸的肥料提供必要的营养。当然，果树的肥水管理需要根据树势的情况进行差异化处理。例如，生长旺盛的树和生长较弱的树以及未挂果的幼树，其管理策略都会有所不同。前文重点描述的是挂果树，对于不挂果树来说就是一梢两肥的节奏。不挂果树到9、10月份就可以开始扩穴施有机肥。如果是新开的果园，对土壤的修复较慢，就要适当地扩穴施肥。如果是挂果的树，一般是采完果以后再来施肥。用肥策略是前期以高氮肥为主，后期以磷钾肥为主，到9月份就要进行控氮控肥。

二、用肥管理

在果实成熟期进行农事操作，目的是提升果实的品质。如果果实体积偏小，建议使用枯饼水肥配合磷酸二氢钾进行浇灌，或者添加硫酸钾等钾肥。当果实接近成熟而采摘时间临近时，应避免使用化肥中的氮肥，可以利用枯饼水肥中的氮元素来促进果实的最后成熟，这样既能满足果实对氮的需求，又不会对果实的品质造成负面影响。

1. 花芽分化营养管理

秋梢老熟后，花芽分化成为关键，这是一个对肥料使用极为敏感的阶段。如果施肥过量，可能会导致花芽过多地向叶芽方向分化，减少花的数量。因此，必须谨慎处理当前的施肥问题。对于柑橘类果树，秋梢成熟后，花芽分化已经开始，这一过程需要根据树势的不同进行差异化管理。花芽分化主要涉及三种类型的树：生长旺盛的树、生长较弱的树和生长中等的树，营养管理需要区别对待。如果碳和氮的比例均衡，花和芽的比例也是相对比较均衡的。

① 旺树。旺树包括叶片大、枝条夹角小、直立性强等特征。针对这类树，可以通过叶面施肥，即施多效唑、硼肥、磷酸二氢钾以及适量添加氨基酸来促进花芽的形成。例如，脐橙通常在 10 月底至 11 月初进行一次喷施。对于挂果较少、生长特别旺盛的树木，可以通过激素调节来促进花芽分化。一般而言，根据树势，可能需要在 11 月初和 11 月中下旬各喷施一次，对于极旺的树木，可以考虑在 12 月初再喷施一次，总共 2~3 次，以确保花芽分化的顺利进行。

② 偏弱的树。需要加强肥水的管理，可以使用枯饼水肥配合磷酸二氢钾和适量的硼肥进行浇灌。在秋梢成熟后，适时浇灌一次，以确保花芽分化所需的营养。如果管理不当或营养供应不足，这类树第二年可能会开出大量质

量较差的花，春梢的质量也会受到影响。如果冬季干旱或缺肥，也可能会导致来年花朵数量异常增多。对于叶片较小、分枝角度大且花量多的弱树，应适当增加水肥的施用，以确保营养供应。原则上，即使花朵较多，也应保证树木的营养需求得到满足，可以使用枯饼水肥和磷酸二氢钾来补充营养。通过以上管理，可以促进树木健康生长，为来年的丰产打下基础。

③ 树体比较中庸的树。需适当补充营养和适时浇灌水肥，建议使用枯饼水肥和磷酸二氢钾进行浇灌。

对于幼树而言，控制花芽的形成是重要的，因为它们尚不需要开花结果。可以通过施用 920（一种植物生长调节剂）和尿素来调节激素平衡，减少第二年的花量。此外，适当的水肥管理，或者适量添加化学氮肥，也可以用来抑制花芽的产生。

在 10 月份，花芽分化的处理尤为关键。柑橘类果树在适当的干旱和低温条件下更容易进行花芽分化。在气候较温暖、缺乏自然低温的地区，可以通过环割技术来促进花芽分化。花芽分化的管理可以通过三个方面来进行：首先是水肥管理，其次是叶面喷施激素，最后是采用环割技术。虽然低温干旱是不可控制的气候因素，但通过控制灌溉来模拟干旱条件还是可行的。

从 10 月到 12 月，甚至延续到 1 月，是花芽分化的关键时期。管理目标应根据需求灵活调整：在需要花的时候促进其形成，不需要花的时候则有效控制，以减少后续工作量。因此，花芽分化和果实品质的管理需要综合考虑。不能因果实体积小就大量施肥，包括化学氮肥，这不仅可能影响果实口感，还可能导致果实贪青进而影响花芽分化。因此，在10月份一般不建议进行水肥浇灌，对于生长较弱的树木可以适当补充营养，对于生长旺盛的树木则应适当控制水分，可通过叶面喷施的方式来管理。

2. 控水控肥

在9～10月期间，通常需要对果树进行控水和控肥，以促进果实品质和风味的提升。随着9月温差增大，特别是9月底秋梢成熟之后，控水措施需要更加严格。通过控水控肥可以促使树体中的氮素被消耗，有助于提高果实的碳氮比，这对花芽分化和糖分的积累与转化至关重要。控水期间，由于根系无法从土壤中吸收氮元素，果树体内的氮元素会被逐渐消耗，进而促进果实中糖分的转化和积累。这一过程有助于形成果实风味并为花芽分化创造条件。因此，在果实成熟后期，适当的控水措施是非常必要的。当然，在控水的同时也可以结合叶面施肥来补充必要的营养。

三、不动土秋季农事操作

1. 绿肥种植

绿肥的种植时机通常在10～11月之间，最迟不宜超过 12 月。11 月份是种植肥田萝卜这类绿肥作物生长的适宜时期。然而播种绿肥需要考虑当地的气候条件，特别是降水情况。如果当地缺水，即使播种了绿肥种子，也可能因干旱而无法正常生长。理想的播种条件是在雨水充足时迅速播种，以确保绿肥作物能够顺利发芽和生长。在一些干旱地区，如果长期无雨，即使种子萌芽，后续干旱也可能导致其死亡。秋季昼夜温差较大，夜间的露水可以为绿肥作物提供一定水分，有助于其生长。

绿肥是不动土技术体系中的重要组成部分，其种植和原位发酵技术相结合，目的在于快速提升土壤有机质含量和改善土壤生态，同时也能起到疏松土壤的作用。绿肥主要分为碳源绿肥和氮源绿肥两种。肥田萝卜属于碳源绿肥，建议每亩播种量为 0.5 千克，在 10 月下旬就应开始准备，尽量在 11 月份完成播种。过去常推荐紫云英作为氮源绿肥，但紫云英对湿度有一定要求，可能在一些地区生长较为困难。因此，目前更倾向于用苕子作为氮源绿肥，其属于豆科植物，具有较好的适应性。苕子不仅耐贫瘠，还能固定大气中的氮，为土壤提供氮源，这对于提高土壤肥力非常有益。种植苕子的方法类似于种植豆类，通常在 10~11 月进行播种。苕子的这些特性使其特别适合在山地果园种植，因为山地土壤通常较为贫瘠。

2. 冬肥技术

对于新开发的果园，由于土壤有机质含量较低，迅速补充有机质是关键。在 10 月份，可以对这些未挂果的幼树进行扩穴，并施用大量的有机肥料。在不动土技术体系中，通常从 10 月份开始施用有机肥料，建议每棵树施用40～50 千克自制堆肥，通过挖机扩穴的方式快速提升土壤的有机质含量。

对于成年树，可以实施不动土管理，但前 3 年的幼树在未挂果前，每年都需要扩穴施用有机肥。特别是对于幼树，应调整堆肥的碳氮比，以促进其快速生长。建议每棵树连续 2～3 年施用 100 千克有机肥，这样可以全面改良果园土壤，之后便可转为使用不动土技术，种植绿肥如肥田萝卜。不动土技术的前提是土壤能够生长绿肥，通过绿肥快速转化有机质，补充土壤有机质，从而减少对动土施用有机肥的依赖。在这种情况下，可以考虑每 2～3 年或3～5 年进行一次动土施肥，其余时间通过绿肥来补充土壤肥力。通过大量元素肥料的补充，可以满足果树的营养需求。对于幼树，建议在土壤改良阶段施用较重的有机肥料。利用堆肥技术可以自制成本相对较低的有机肥料，此时可以适量增加施用量并通过挖机进行施用。

对于那些土壤条件较差的果园，投资有机肥料以种植绿肥是一种有效的改良策略，这可以视为一种长期投资，即用较小的投入换取土壤肥力的大幅提升。

在 10 月份，除了关注果实采摘、品质管理以及幼树的养护外，花芽分化的处理也是果园管理中的重要环节。在这个时期，绿肥和有机肥料的使用应该被纳入果园管理的计划之中。进入 10 月份，就应该开始准备绿肥种子。将绿肥的种植提升到与施用有机肥料同等重要的地位，这是提高果园土壤质量的关键。通过精细种植和管理绿肥，可以在接下来的一年中显著改善果园的土壤状况，并且迅速增加土壤中的有机质含量。

3. 枯饼水肥发酵

花芽分化、提升品质、月子肥、冬季水肥以及次年的春肥等需肥期都会用到枯饼水肥。因此，提前在 9～10 月准备好枯饼水肥非常必要，以避免冬季进行发酵。由于这次发酵的水肥将用于满足直到明年春季的肥料需求，因此每棵树需要准备 0.5～0.75 千克的干枯饼以确保肥料供应充足。温暖的气候有利于微生物的生长，从而促进发酵过程，因此，到明年春季，随着气温回升，可以再次进行发酵。枯饼水肥的发酵工作通常在 11 月份结束，在低温条件下微生物活动减弱，发酵效果不佳，此时进行发酵意义不大。

4. 用肥模式

"无机＋有机＋微生物"的施肥技术模式是一种综合施肥策略，这种模式在果树的各个施肥阶段都得到了广泛应用。春季是果树生长的关键时期，此时在施用生物有机肥料时，适当添加一些复合肥和中微量元素，可以进一步补充果树所需的营养，确保植株生长旺盛。

5. 碳氮比综合调控技术

碳氮比是衡量植物营养状态的一个重要指标，尤其在果树的花芽分化期间，碳氮比的调控尤为关键。果树的碳氮比与其生长势息息相关：树势强的果树碳氮比较低，开花较困难，但出梢较容易，因此春季容易萌发健壮的春梢，但花量较少；而碳氮比高的果树，树势较弱，由于氮含量较低，果树开花较易，但春梢的枝梢往往较弱且短小，这是树体营养不足所致。

根据树的生长势、土壤状况和肥料使用情况综合调控碳氮比的技术为果园的宏观管理提供了方向。不动土栽培技术体系中的五项技术贯穿全年的肥水管理、土壤管理和树体营养管理，形成了一套完整的技术体系。这套体系也涉及自制肥料的技术，比如自制堆肥、水肥和自种绿肥，不仅能够降低成本，还能在实践中带来显著的效益。通过亲身实践，果农可以获得丰富的经验和收益。

第五节　冬季营养管理

冬季营养管理常常被忽视，但它在不动土技术体系中至关重要。冬季通常指每年 12 月至次年 2 月，很多果农在果实采摘后施用一次有机肥或浇灌水肥，便认为果园管理可以暂时放下，实际上，果树在冬季仍然进行着新陈代谢和营养储备，根系也在缓慢吸收养分，这些过程往往被忽略。

一、冬季环境分析

1. 土壤肥力

首先，需要关注冬季的土壤状况。冬季平均温度偏低，在南方，平均气温在10℃左右，很多地区的柑橘果树因低温难以萌发新梢。

土壤肥力涵盖四大因素即水、肥、气、热，缺少任何一种，土壤的供肥能力就会下降：如果缺水就会限制营养的供应；无论是施用的有机水肥、有机肥、绿肥，还是土壤中固有的矿质元素，或是额外添加的大量元素肥料，都是土壤肥力的重要组成部分，缺乏任何一种，都会影响土壤的肥力；透气性是土壤的另一个重要特性，它关系到土壤中氧气的供应，根系在呼吸过程中需要消耗氧气，而氧气的供应依赖于土壤的透气性，良好的透气性能够确保空气渗透到土壤中，为根系提供必需的氧气；四季更迭导致温度变化，冬季低温会使柑橘等果树的根系生长停滞，通常在13℃以下根系就会停止生长。然而，即使根系生长停滞，它们仍在进行营养吸收，这一点需要引起重视。冬季低温条件下，土壤肥力往往难以满足果树的需求，因为肥力与温度紧密相关。

温度的变化直接影响土壤中微生物的活性，低温会导致这些微生物的活性下降，进而影响土壤中难溶性养分的分解和释放。为了解决低温条件下土壤营养供应不足的问题，不动土技术提供了清晰的指导方案。

2. 果树根系

根系的生长和营养吸收确实受到温度的显著影响。例如，柑橘类果树的根系在温度降至13℃以下时，基本会停止生长。这是因为低温条件下，果树的代谢活动减缓，导致营养供应不足。光合作用产生的碳水化合物无法有效输送到根系，根系因缺乏营养而停止生长，形成营养断流。

然而，在秋季温度适宜且秋梢成熟后，根系会迎来一个生长高峰，因为此时温度通常高于13℃。需要强调的是，即使根系在冬季停止生长，它们仍在缓慢吸收营养，并将这些营养储存在树体中。由于冬季没有新芽、新梢或花朵的生长消耗，吸收的营养会储存在树干中。

冬季营养储备对果树至关重要，如果树木不开花、不抽新梢、不萌芽，这些营养就会保留在根系、树干、枝条和叶片中。到了春季，随着温度的回升，这些储存的营养将为春梢的生长和开花提供支持，这对果树的年周期、春梢和花的质量以及授粉受精的质量都有直接影响。

许多果农可能会忽视冬季的营养管理，认为冬天干旱不需要施肥，但这可能导致春季新梢和花的质量下降，进而影响树体的整体营养状况。因此，提高对冬季营养管理重要性的认识，对于确保果树健康和提高果实品质至关重要。

3. 果树光合作用

随着冬季到来，温度下降会影响果树的光合作用效率，因为光合作用在一定程度上受温度限制。在 0℃左右时，大多数果树的光合作用几乎停止，但在 10℃左右的环境中，叶片的光合作用仍在继续。光合作用需要适宜的条件，包括氮、磷、钾、镁等必需营养元素，以及充足的二氧化碳、水分和光照。

在冬季，尽管果树的地上部分生长放缓，但只要条件适宜，光合作用仍在进行，这需要地下部分的营养输送来支持。当土壤中营养供应充足时，地上部分能够维持有效的光合作用，进而产生并积累碳水化合物（如葡萄糖），这些养分会被储存到叶片、枝条、树干和根系中。由于冬季果树的生长活动减少，对营养的消耗也相应降低，因此这段时间成为储备树体营养的理想时期。在一些温度较高的地区，果树可能仍有生长活动，但对于大多数冬季不发新梢的果树而言，维持地上部分的适度光合作用和地下部分的营养吸收是关键。这种地上与地下部分的协同作用，确保了树体在冬季的营养需求得到满足，为春季的生长和开花储备了必要的能量。

4. 土壤微生物

在冬季，土壤中微生物活动受到低温的影响，其生长和代谢速度会显著下降。正如果树在冬季减缓生长一样，土壤微生物在低温条件下也基本进入休眠状态，这直接影响了土壤中难溶性养分的分解和释放。

为了在冬季保持土壤肥力，可以采取几种措施。

首先，可以通过施用耐低温的微生物菌剂来增加土壤中活跃的微生物数量。这些微生物能够在较低的温度下生存，从而帮助活化土壤中的养分。在北方地区，这类低温微生物尤为重要，因为它们能在大约10℃的环境下保持活性，有助于维持土壤养分的循环。

其次，种植绿肥作物是冬季土壤管理的有效方法。绿肥作物如肥田萝卜在冬季依然能够生长，它们在低温条件下仍能进行有效的新陈代谢和营养吸收。例如，11月份播种的肥田萝卜在随后的几个月内能迅速生长，其根系分泌的有机酸有助于活化土壤，同时通过光合作用增加土壤有机质。

二、果树物候期

1. 花芽分化

柑橘的花芽分化通常在冬季进行，从10月份秋梢成熟后开始，持续到次年1~2月。无论是落叶果树还是常绿果树，冬季都是营养储备的关键时期。在此期间，果树不仅储备营养，大多数柑橘品种还进行花芽分化。因此，合理施肥和营养供应对满足花芽分化需求至关重要。

在施肥过程中，应避免过量施用氮肥，因为氮肥过多可能会抑制花芽形成。相反，应使用平衡型肥料来促进花芽分化。在花芽分化期间，调节碳氮比并补充适量的碳和氮非常重要。应以有机肥为主，尽量减少复合肥的使用，以确保碳氮比适宜，避免偏施氮肥。对于生长旺盛的果树，需要控制氮肥的使用，甚至在果实营养管理上也要有所控制。而对于生长较弱的果树，特别是在干旱地区，必须注意适时灌溉和施肥。秋梢成熟后，可以持续进行水肥灌溉，每月 1～2 次，直至年底，以确保果树有足够的营养储备。

2. 营养储存

在干旱地区，对于挂果果树来说，保证充足的水分和营养至关重要。如果果树在干旱条件下挂果且营养供应不足，很可能导致来年产量较低。果树出现大小年现象，主要是树体营养过度消耗所致。春季若营养供给不足，树体的营养储备就会匮乏，这将导致春梢生长不良，花朵质量差，从而引发小年现象。

冬季的营养管理涉及问题有以下几个方面：①低温天气使土壤的营养释放不出来；②根系因为低温不再生长，并且根系的营养吸收能力下降；③地上部分光合作用因为低温导致光合效率下降；④低温导致土壤中的微生物不活跃；⑤在低温环境中，果树主要进行营养储备。了解了这些问题后，就可以更有效地进行冬季的营养管理。

三、用肥管理

1. 月子肥

月子肥是在果实采摘后对果树进行的一次关键营养补充，对于迅速恢复树势和积累足够营养至关重要。通常，月子肥应在采摘后 10 天内完成施用，主要施用基于发酵枯饼的水肥，搭配平衡型复合肥。该肥料组合满足了花芽分化所需的营养。果树在关键时期营养不足会导致来年春梢和花朵的质量下降，因此，冬季的营养储备是果树健康生长的基础，而采摘后的月子肥施用尤为关键。

一些果农可能忽视了冬季肥料的重要性，认为果实采摘后对果树简单修剪即可，并没有充分补充肥水。然而，有经验的果农非常重视月子肥的使用，无论是 10 月、11 月还是 12 月采摘的果园，都应提前准备好月子肥。由于 12 月后温度较低，不利于发酵，枯饼水肥的发酵工作通常在 9~10 月完成，以确保整个冬季及春季的肥料供应。发酵完成后，肥料可以随时使用，为果树提供及时的营养支持。

2. 冬储肥

冬储肥是冬季果树管理中的一个重要环节，通常在12月中下旬到次年1月份进行施用。对于四川的耙耙柑或广西的沃柑等柑橘类果树，这一时期施肥尤为重要，尤其是在冬至前后气温最低时，应进行一次关键的施肥。冬储肥的施用模式与月子肥类似，主要是使用发酵好的枯饼水肥配合平衡型复合肥。

为了确保冬季的营养管理到位，通常建议施用两次水肥。使用稀释的枯饼水肥，稀释比例应控制在15～20倍，以避免浓度过高。这种稀释后的枯饼水肥可与复合肥结合使用，复合肥的浓度一般控制在0.2%～0.3%，适量添加即可。该施肥策略适用于月子肥和冬储肥的施用。

在冬季，特别是在雨水较多的地区，要注意加强对多效唑的使用，以控制花芽分化。在春季雨水充沛、营养充足的条件下，可能会导致花朵数量减少。而在冬季雨水较少的地区，适时补充营养则更为有益。当然，枯饼水肥的发酵过程也很重要，枯饼水肥主要提供有机氮，这种有机氮源对于果树在采果后的月子肥施用尤为关键。

四、不动土冬季农事操作

不动土技术在冬天营养管理上的运用如下。

第一，保证果树营养储存的来源。果树的营养储存主要来源于两个方面，其中之一是氮元素，它是蛋白质的基本组成部分。树体内的尿素和复合肥中的氮通过转化形成蛋白质，从而保证氮的来源。冬季补充氮元素时应以有机氮为主，因为有机氮更容易被果树在低温条件下吸收和利用。

第二，补充碳肥。除了通过光合作用从二氧化碳合成葡萄糖等有机碳外，果树还可以通过根系吸收的水肥来补充碳元素。在补充碳肥时，建议使用有机碳源（如枯饼水肥中含有的有机碳），以有机碳为主进行碳氮比的调控，避免过多使用平衡型复合肥。

第三，减少复合肥的使用。复合肥是无机肥料，果树根系吸收后需要进行合成反应，如将铵态氮合成蛋白质，这一过程会消耗大量能量。能量来源于光合作用产生的碳水化合物，而冬季光合作用效率较低，过多消耗葡萄糖进行无机氮肥的合成，会形成内耗，可能消耗树体营养，不利于树体健康。所以冬天不推荐大量使用无机肥。

第四，推荐使用有机氮肥。冬季推荐使用有机氮肥，尤其是通过枯饼水肥发酵得到的有机氮，以支持不动土的水肥管理方案。可以采用枯饼水肥原液稀释20倍，并添加0.1%～0.2%的平衡型复合肥，以及生化黄腐酸钾等有机碳源，来平衡补充树体营养。

第五，水肥补充的时间安排。通常需要进行三次主要的水肥补充：第一次在采果后立即进行；第二次在冬至期间；第三次则在1月10日左右（可根据树体具体情况进行调整）。

在干旱条件下，可能需要增加施肥次数，大约每 10 天进行一次水肥灌溉，以持续维护根系和树体的营养储备。重视冬季的水肥管理，可以确保来年果树的花量充足，这一点在干旱地区尤为重要。

第六，绿肥种植操作。绿肥种植是果树不动土技术体系中的一项重要技术。推荐种植的绿肥作物有肥田萝卜和苕子。即使在干旱地区，也应该尽可能创造条件种植绿肥，因为绿肥对于快速补充土壤中的有机碳和氮非常有效。

第七，保证高质量叶片。秋梢成熟后，叶片就开始通过光合作用产生并储存碳水化合物，这些储存的营养是果树冬季营养储备的主要来源，能为来年春天的春梢生长、开花和坐果提供必需的营养。秋梢的健康状况直接影响次年的产量，而春梢的强壮则确保了当年果树的营养储备。因此，冬季的营养管理至关重要。

如果在挂果时大小年非常严重，往往是冬季营养储备不足导致的。理解这一原理后，果农就可以根据实际情况进行相应调控。

在实施营养管理方案时，需注意果树长势不同，管理方法也应有所区别：对于生长旺盛的树，可能只需施用两次肥；对于生长中等的树，可能需要施用三次肥；对于生长较弱或干旱地区的树，则可能需要施用四次甚至五次肥。

第六节　再谈养菌技术

　　土壤中的微生物是土壤生态系统的重要组成部分，根据相关数据，肥沃土壤中的土著微生物群落丰富，例如细菌数量通常在每克千万级别（$10^7 \sim 10^8$），而放线菌、霉菌、酵母菌的数量级则逐步减少，且差额相近。具体而言，放线菌数量约为 10^6，霉菌数量约为 10^5，酵母菌数量约为 10^4，也就是说，菌量根据菌种的不同其数量差异会非常大。通常以细菌含量来衡量土壤中含菌量的丰富程度。

　　在贫瘠或新开垦的果园土壤中，微生物的数量可能非常低，通常呈指数级减少。所以在监测一些比较贫瘠的土壤时，应重点考虑增加土壤中微生物的数量，这也是土壤生态修复的核心问题。

一、土壤微生物生存条件

　　增加土壤中微生物数量的关键在于理解它们的生存条件。营养是微生物生存的基础，因此，土壤中必须含有充足的养分以供微生物利用。碳源、氮源、无机盐和水分等是大多数微生物生长所必需的要素。虽然生长因子对微生物也很重要，但在自然环境中，通常首先关注基本营养要素。有机肥和绿肥是土壤微生物的主要营养来源。在不动土技术体系中，特别强调对有机肥、固碳绿肥和固氮绿肥的使用，它们作为主要碳源和氮源的补充以满足微生物所需的营养要求。

微生物的生存不仅依赖于营养条件，也需要适宜的生存环境。除了必需的营养，微生物对环境的要求包括充足的氧气、适宜的温度和适宜的 pH。

氧气是微生物生存的关键因素，微生物需要氧气进行呼吸作用。温度是影响微生物活性的重要因素，不同微生物对温度的适应性不同，适宜的温度可以促进微生物的生长和代谢活动。pH，即土壤的酸碱度，对微生物的生长也很重要。土壤的 pH、温度、氧气和土壤生态参数的调理息息相关，它们能直接影响土壤中菌的生存。

土壤的疏松透气性是确保土壤中氧气供应的关键，而土壤中的水、肥、气、热等生态参数的平衡对微生物生长至关重要。这些因素不仅直接影响土壤微生物的生存，也间接影响果树的营养吸收，因为微生物通过分解有机物质，将养分转化为果树根系可以吸收的形式。因此，为了促进土壤微生物的生长和繁殖，需要综合考虑和优化土壤的 pH、氧气供应和温度等环境条件。

在调整土壤生态时，有几个关键因素需要特别注意。首先是土壤中的有机肥，包括有机质和绿肥的补充。施用有机肥的主要目的在于滋养土壤中的微生物。其次，监控和调节土壤的 pH 也非常关键，因为 pH 直接影响微生物的生长。对于大多数细菌而言，中性或接近中性的 pH（7.0左右）最为适宜，而柑橘类作物的土壤 pH 建议调整至 6.0 以上。尽管微生物对酸碱度的适应能力较强，但维持土壤 pH 在 6.0～8.0 的范围更为理想。

如果土壤偏酸，可以通过施用适量的生石灰来调整pH。调整土壤 pH 的直接目的是营造适宜微生物生存的环境。此外，土壤的疏松度也是影响微生物生长的重要因素，尤其是对于板结土壤，由于其透气性差，可能会限制微生物的生长。因此，改善板结土壤结构以增加氧气供应是促进微生物生长的关键。

二、果园养菌技术

枯饼水肥的发酵过程本质上是微生物的生长和繁殖过程，这一过程在专业上称为微生物发酵。微生物的生长过程就是发酵的本质。

在发酵过程中，微生物将枯饼中的大分子蛋白质分解为更小的多肽、氨基酸，甚至可能转化为无机形态的养分（如铵态氮和硝态氮）。这不仅是营养分解和释放的过程，同时也是微生物代谢产物形成的过程。枯饼水肥发酵可以视为微生物液体培养的扩大，其目的是增加有益微生物的数量和活性。在发酵过程中，枯饼中的有机物质被微生物分解，释放出易于植物吸收的小分子养分，同时产生对植物生长有益的代谢物。如果发酵过程中引入了杂菌或病原菌，它们产生的代谢物可能对植物生长有害。因此，要选择合适的菌种并严格控制发酵条件，以确保发酵过程中主要培养的是有益微生物。

市场上的一些发酵可以分为三大类。

第一类，简易式厌氧发酵。这种方法是将枯饼直接浸泡在水中，通常需要半年甚至一年的时间。通过厌氧菌去分解枯饼里面的蛋白质来释放成为小分子的一些水溶性养分。厌氧发酵的特点有：厌氧发酵时间长、菌含量低。如果使用厌氧发酵，则难以达到理想的菌肥效果。因此该法不适合作为微生物生态修复技术使用，暂时不考虑。

第二类，芳香型厌氧发酵。这种方法在厌氧发酵的基础上加入了糖蜜等碳源以及枯饼等氮源，以促进微生物的生长。虽然该法提供了微生物所需的营养元素，比单纯的厌氧发酵更科学，但其仍然属于厌氧发酵，其菌含量和发酵效率仍然不高，发酵速度也较慢。

第三类，增氧式好氧发酵。这是一种更为先进的发酵技术，其通过搅拌或曝气等方式增加氧气供应，促进好氧微生物的活性。目前这种方法的反馈普遍较好。

从专业角度分析，好氧发酵技术的推广之所以困难，主要是因为杂菌控制的挑战。在好氧环境中，微生物繁殖速度快，若管理不当，杂菌可能会过度增长，影响发酵产品的整体品质。如果无法有效控制杂菌，可能会培养出大量对土壤和植物根系有害的微生物，它们产生的代谢物可能对植物生长产生负面影响。而有益菌才是促进土壤生态循环、促进根系生长、促进果实品质形成的功能菌。

枯饼好氧发酵技术的成功关键在于选择合适的菌种、控制杂菌生长以及优化发酵工艺。以下以笔者发表的专利"枯饼水肥液体好氧发酵的一种方法"为例进行说明。专利中的发酵方法如下：准备 50 千克水、5 千克枯饼、0.5 千克糖。枯饼主要是豆粕、花生枯、菜枯，糖主要使用食品级葡萄糖。

发酵过程的第一步是准备水池并提前浸泡枯饼。浸泡时间会直接影响发酵周期的长短。通常按照 50 千克水兑 5 千克枯饼的比例进行浸泡。例如，在一个容量为 10 吨的池子中，可放入 1 吨枯饼，并让其浸泡大约 15 天。在浸泡期间，建议使用带有切割刀的污水泵进行搅拌，每 3 天搅拌一次，每次搅拌持续约 1 小时。搅拌的目的是加速枯饼的浸泡和分解，但在此阶段，搅拌不是为了增氧，而是使枯饼更彻底地破碎和溶解。接下来的 15 天是进行物料调配的阶段。在此过程中，枯饼由于蛋白质含量较高而被视为氮源。根据碳氮比不同，原料可分为氮源和碳源。通常，碳氮比低于 25 的原料被归类为氮源，而碳氮比高于 25 的原料则被归类为碳源。这种分类方法并非普遍标准，而是基于实际应用中的划分。由于枯饼的碳氮比在 7～8 之间，因此它被归类为氮源。枯饼包括菜籽饼、大豆饼、花生饼等，其蛋白质含量通常超过 35%，甚至高达 43%，因此它们被视作氮源原料。

在发酵过程中，除了氮源，碳源的配置也同样重要。

正如上文提到的，在 50 千克水、5 千克枯饼和 0.5 千克糖的比例中，糖就是作为碳源。碳源是培养微生物的重要物质，因为它为微生物提供能量和构建细胞所需的基本元素。例如，在一个 10 吨容量的池子中，除了放入 1 吨枯饼外，还需加入 100 千克葡萄糖，以确保碳源的充足。此外，无机盐也是不可或缺的，它们共同构成了微生物生长所需的全面营养。当水、碳源、氮源和无机盐都准备就绪后，就为微生物提供了充足的营养基础。

接下来，需要考虑微生物的环境条件，其中 pH 是一个重要因素。在泡制枯饼的过程中，初始的 pH 通常较低，在 4.0～5.0 之间。为了启动发酵，需要使用生石灰来调整 pH，使其达到 7.0 左右，第一次调到 7.0～7.5。在 pH 调整完毕后，可以加入菌种并开始发酵。发酵过程中，增氧是关键步骤，可以通过多种方式实现，如使用鼓风机、养鱼用的增氧设备，或者通过污水泵将液体提升到一定高度后让其自由落下，以此产生跌水增氧的效果。增氧通常持续 5 天，期间需要持续进行，以确保微生物能够获得充足的氧气。除了 pH 和氧气供应，温度也是影响发酵的重要因素。发酵的最佳起始温度应在 13℃ 以上，最适宜的外部温度范围是 20～30℃，25℃ 左右是理想温度。在冬季，由于温度较低，需要提前准备好枯饼水肥，以便在春季使用。发酵好的枯饼水肥可以进行保存，这为冬季发酵提供了便利。

在发酵过程中，连续增氧 5 天是关键，其中前 3 天需要特别关注 pH 的控制，确保其保持在大约 7.0 的中性水平。通过精确控制 pH 和提供适宜的环境条件，可以为微生物的生长和繁殖创造理想的环境。在这一过程中，微生物会利用枯饼中的蛋白质进行生长和繁殖，使得菌量逐渐增多。发酵时间的控制同样重要，建议将发酵时间限制在 3～5 天，避免过度发酵。因此，在发酵 5 天后，应停止增氧，此时枯饼水肥的发酵过程基本完成。

三、枯饼水肥成分

想要科学配肥、用肥，就要了解水肥的成分组成。发酵后的枯饼水肥含有多种有益成分。其中，氨基酸的含量在 1%～5% 之间，有机酸的含量也在 1%～5% 之间。枯饼原料本身含有大约 6% 的氮，稀释 10 倍后，液体中的氮含量大致在 0.03%～0.06% 之间。这个估算是基于不能完全分解的假设，实际上至少应有 0.03% 的氮含量，此处是指原液浓度，而非稀释后的液体。此外，枯饼水肥中最重要的成分之一是微生物。通过发酵过程，尤其是添加了有益菌种后，功能菌的浓度可以达到 100 亿/毫升甚至以上。这意味着即使是一滴水的量，也含有超过 100 亿/毫升的微生物，这些微生物在经过检测后会显示出很高的纯度。

使用枯饼水肥时，为了确保安全和使用效果，通常建议稀释 10～20 倍。对于挂果树，一般采用 10 倍稀释，而对于小树或幼苗，则建议使用 20 倍的稀释比例。稀释后的枯饼水肥可以与复合肥混合使用。复合肥的选择应根据果树的生长阶段和需肥规律来决定，以确保肥料的合理搭配和有效利用。枯饼水肥作为一种有机和微生物肥料，在施用时只需加入适量的复合肥，就能形成一种"无机＋有机＋微生物"的复合肥料，这种肥料能够提供全面营养，促进植物健康生长。

枯饼水肥的发酵过程涉及多个细节，在发酵过程中，枯饼中的有机物质被微生物分解，释放土壤中的碳、氢、氧、氮、磷、钾等 16 种必需元素，同时产生有益的微生物代谢物，有助于土壤结构的改善和团粒结构的形成。

五大技术中还涉及改土。培养土壤中的微生物菌群是实现这一目标的重要前提。在果园内自行培养微生物，可以获取大量且成本低廉的有益菌，这些菌种可以来自于购买的优质菌种。

将培养出的微生物稀释 10～20 倍后用于土壤，依然能够发挥显著作用。因为经过稀释后每毫升的菌含量仍可达到 5 亿～10 亿，这个数量级远高于土壤中自然存在的微生物含量，每克土壤中的微生物通常不超过 1 亿。因此，即使是稀释后的微生物，也能在施用后迅速在土壤中占据优势，并发挥其改善土壤环境的功能。

四、配套设施

在实施枯饼水肥发酵技术时，果园需准备相应设施，主要包括发酵池和稀释池。发酵池的大小应根据果园中果树的数量来决定。通常情况下，1吨原液可以供应大约200棵树的施肥需求。因此，在建造发酵池时，应考虑果园施肥高峰期的最大需求量，确保发酵池容量能够满足需求。例如，一个果园有2万棵树，那么发酵池的容量大约需要100立方米。

稀释池（即配肥池）的大小可基于每天的用水量设计。不一定需要建造一个能够容纳所有稀释后水肥的稀释池，因为施肥过程可能需要几天完成。但稀释池的容量应至少能满足一天的施肥量，以提高工作效率。例如，如果一天内需要施用200吨稀释水肥，稀释池的容量应至少为200立方米，以确保一天内能够完成施肥。

在建设果园的水池时，为了节约成本，一些果园可能会选择挖一个土池并铺设防渗膜。这种防渗膜在适当的维护下可以使用大约10年。另外，也可使用镀锌板蓄水池作为配肥的稀释池，这种材质通常用于养鱼的水池，耐用且易于清洁。对于枯饼水肥的发酵池，建议使用水泥结构，特别是池底，最好铺设钢筋并加入螺纹钢以增强结构，防止渗漏。在沙质土壤中建设水池时，需要确保水池的厚度足够，并做好防漏措施。在硬件设施方面，除发酵池和稀释池外，还需要考虑电力供应，因为搅拌和使用污水泵都需要电力。小型池可使用两相电，但大型池建议使用三相电，以提供更稳定的电力支持。

对于采用滴灌或微喷系统的果园，由于枯饼水肥发酵后可能含有渣滓，直接使用可能堵塞滴头或喷嘴。因此，需要设置过滤系统以确保顺畅的水流。通常建议采用三级过滤模式：初步过滤使用80目滤网，二级过滤使用100目滤网，最终过滤使用120目滤网。这种过滤设置可以有效去除枯饼水肥中的固体颗粒，防止滴灌或微喷系统堵塞。

以上就是整个水肥发酵的工艺流程，虽然没有深入讲解具体的技术细节，但已经足够指导实际操作。需要明确的是，仅依靠单一类型的水肥（如枯饼水肥）难以彻底改善土壤状况。将枯饼水肥或菌肥等同于不动土技术的理解是片面的。

不动土技术体系是一个全面概念，其不仅包括水肥和菌肥的使用，还涵盖了有机肥、绿肥以及复合肥的综合利用和调配。因此，不动土技术体系的目标是通过综合运用各种肥料和技术，最大程度发挥微生物菌肥的效益，从而实现土壤生态的持续改善和维护。这不仅仅是使用一种肥料，而是一个全面的土壤健康管理方案。通过这样的系统方法，可以更全面地理解不动土技术的真正含义和应用范围。

第七节　果园规模与成本节约

目前柑橘种植行业，有些品种收益较低，所以要在种植过程中精细规划，降低成本并提高产量，只有这样才能获得较为可观的收益，带动柑橘种植产业的发展。品种选择也是关键，选择适合当地条件且市场价值较高的品种进行种植，可以在保证收益的同时减少不必要的投资。

通过以上方法，不仅能在肥料和人工上节省成本，还能通过提高产量和果品质量间接降低成本。

一、碳和氮的自然获取

在果树种植中，碳、氢、氧、氮、磷、钾、钙、镁、硫、铁、锰、铜、锌、钼、硼、氯这 16 种元素是作物生长必需的元素。如果这些元素缺乏，果树可能会出现生长受阻、产量下降甚至出现特定的营养缺乏症状，影响其完成正常的生长周期。大多数情况下，这些元素需要通过施用肥料来补充。然而，有些元素是可以通过自然方式获得的，例如碳、氢、氧这三个元素主要通过叶片的光合作用从空气中的二氧化碳和水分中获得，不需要额外补充。氮元素也可以部分自然获得。一方面，可以通过种植固氮绿肥获得，如豆科作物，它们能够通过生物固氮作用将大气中的氮转化为植物可利用的形式。另一方面，固氮微生物（如某些细菌）也能在土壤中固定氮气，为植物提供氮源。这些方法都是获取氮元素的有效途径，且成本较低。

总体来说，通过光合作用和生物固氮机制，果农可以在不增加额外成本的情况下，提高土壤的肥力和作物的养分供应，从而在种植过程中实现成本节约。

除了碳、氢、氧和氮这几种元素可以利用自然过程获取外，果树生长所需的其他元素，如磷、钾、钙、镁、硫以及铁、锰、铜、锌、钼、氯等，通常需要通过购买肥料来补充。当然，像一些中微量元素本身就存在于土壤中，选择栽种果树的一些果园山地或者田地，其本身就有一些营养元素，所以选地也是比较关键的。总之，虽然碳、氢、氧、氮可以通过自然途径获得，但磷、钾和其他中微量元素则需要通过土壤本身或外部施肥来补充。

二、低成本改土

在新果园的开垦过程中，施用有机肥料是改良土壤的重要步骤。然而，一些果园主可能因为多施肥效果好而选择大量施用有机肥，有时一棵树施用 50～100 千克，乃至多达 150 千克，有些果园甚至一棵树施用一吨有机肥。这种做法相当于让树在肥堆中生长，大量施用有机肥，无论是自制堆肥还是购买成品有机肥，都需要投入大量资金，这种做法并不提倡。在不动土技术体系中，可以通过一些低成本方法来改良土壤。

1. 绿肥低成本改土

提高土壤有机质含量是改善土壤结构和提升土壤肥力的关键。为了用较少肥料有效提升土壤有机质，可以采取以下几种方法。

首先，种植绿肥是一种经济有效的方式。对于新开垦的果园，如果土壤有机质含量很低，可以通过种植绿肥如肥田萝卜、紫云英等固氮固碳作物，将空气中的碳和氮转化为土壤中的有机质。

其次，对于那些土壤条件差到连绿肥都难以生长的果园，可以采取先施用少量有机肥来促进绿肥生长的策略。这样，通过绿肥的繁茂生长，可以逐步补充和提升土壤的有机质。在提升土壤有机质的过程中，不应仅仅考虑施用有机肥，而应充分利用绿肥的改良作用。绿肥种植技术是不动土技术体系的重要组成部分，通过在不动土技术体系中精选绿肥品种，可以实现土壤碳氮的平衡补充。如果土壤条件限制了绿肥的自然生长，那么施用有机肥来培育绿肥就显得尤为重要。

种植绿肥是提升土壤有机质含量的一种经济有效的方法，它能显著减少有机肥的使用量，从而节省成本。以肥田萝卜为例，如果种植得当，一亩地产量可以达到4000～5000千克。考虑到萝卜含有约30%的水分，干燥后相当于每亩可产生1000～1500千克的有机物质，这相当于施用了1000～1500千克的有机肥。种植绿肥的成本相对较低，种子和人工费用总计约为每亩50元，这意味着绿肥是一种成本极低的有机肥资源。绿肥作物虽然对土壤中的养分吸收不多，但它们能够通过光合作用将大气中的二氧化碳转化为碳水化合物，从而有效补充土壤有机质。

2. 自制有机肥

通过自制有机肥可以有效降低果园土壤改良的成本。在前面章节中详细讲解的堆肥技术，使得果农能够以较低的成本自制有机肥。自制有机肥的成本可以控制在每吨 300～400 元，而市场上购买的肥料价格通常在 800～1000元或更高。因此，通过自制有机肥，肥料成本可以节省一半以上。

通过绿肥种植和自制有机肥，可以显著降低用肥成本。建议果农不要一次性施用过多的有机肥，而是通过这两种方式相结合，以实现成本效益的最大化。

许多人已经通过这些方法获得了质量优良且价格低廉的生物有机肥。通过这些策略，不仅可以改善土壤健康，还能为果园节省大量成本。希望果农能够将这些理念应用到自己的果园管理中，实现成本节约。

三、自制水溶肥

自制水溶肥料，尤其是借助枯饼水肥发酵技术来制作是一种既经济又高效的施肥方法。人们可以按照以下方式计算枯饼水肥发酵的成本：制作 1 吨原液大概需要 100 千克枯饼，成本在 500～600 元。添加 10 千克食品级葡萄糖的成本是 40～50 元，菌种的费用也在 40～50 元之间。此外，包括起爆剂、电费和人工等在内的其他费用为 40～50

元，因此，1 吨原液的总成本处于 620～750 元之间。1 吨原液能兑制成 10～20 吨的水肥，稀释后 1 吨水肥成本大概在 30～60 元。

倘若利用枯饼渣进行二次发酵，成本还可以减少一半。这样算来，1 吨水肥的成本可以控制在 15～30 元，即便按照 20 元计算，自制的枯饼水肥每千克只需两分钱。一棵树施用 50 千克水肥，成本仅为 1 元左右，这确实是一个极为低廉的价格。在施肥过程中，可以简单地将无机肥料（如复合肥）、有机肥（如枯饼水肥）以及微生物肥料（如培养的功能菌）搭配使用。

从微生物肥料的角度来看，使用自制的枯饼水肥在成本上具有显著优势。枯饼水肥原液的菌量极为丰富，每毫升可达 100 亿个菌落形成单位，这是一个相当高的含量。市场上，含菌量为 100 亿个/克的菌剂，其价格每千克在 30～40 元，有的甚至高达 50 元。以此为参照，若将枯饼水肥中每毫升 100 亿个菌落形成单位的菌量，按照 50 元/升的价格来估算，那么制作 1 吨枯饼水肥，仅其中菌的价值就高达 5 万元。也就是说，单从菌量价值而言，1 吨枯饼水肥中的菌若推向市场售卖，价值可达到 5 万元。

对于配备了大型发酵池的果园来说，这种自制的微生物肥料价值巨大。例如，一个 100 吨容量的发酵池，按照菌剂的市场价值来计算，池内的枯饼水肥菌量价值可达 500 万元。这些微生物肥料经过稀释后用于灌溉，其成本实际上非常低。由于自制的枯饼水肥中已经含有大量的微生物，因此在实际应用中，果农可以大幅减少甚至不需要额外购买商业微生物肥料。这不仅减少了购买菌肥的成本，而且由于自制水肥中微生物的含量已经满足了不动土技术体系的要求，因此可以有效实现土壤生态的改善和作物产量的提高。

四、提高肥料利用率

采用"无机＋有机＋微生物"的施肥技术，可以减少对大量元素肥料如氮、磷、钾的依赖和使用量。在这种施肥策略下，需要额外采购的主要是一些无法通过有机肥和微生物活动获得的中微量元素，如钙、镁、硫以及铁、锰、铜、锌、钼、硼、氯等。这些元素对于植物的健康生长同样至关重要，通常需要特定的肥料来补充。

提高复合肥利用率方法如下。

第一，有机物质与微生物的结合使用，借助氨基酸、有机酸等有机螯合技术以及有机的吸附技术来减少土壤中复合肥的流失。通过这种方式，小分子的有机养分能够与土壤中的矿物质元素形成螯合物。这种螯合作用对于中量元素来说尤为直接，而对于大量元素如氮、磷、钾等，则通过吸附作用来减少其在土壤中的流失，提高果树的营养吸收利用率。

第二，结合有机物料和微生物的活动，可以有效延长果树对肥料的需求时间。当有机肥与无机肥结合使用时，有机物质如小分子有机酸和氨基酸等可以直接被果树根系吸收，有助于提高肥料的即时效果，并延长肥料效力的持续时间。这种直接吸收减少了果树出现营养缺乏的风险，意味着在一段时间内果树不太可能出现脱肥现象。

第三，功能菌在土壤中扮演着分解者的角色，土壤中的有机质可以被功能菌分解释放出来，供果树根系吸收。这些微生物还能将一些难溶的矿物质元素转化为更易被植物吸收的离子态，从而提高土壤中这些元素的有效性。通过无机肥料、有机肥料以及微生物肥料结合施用，不仅提升了肥料的即时效果，还显著延长了肥料的作用时间。若单独使用复合肥，其肥效可能仅持续 10～15 天，甚至更短，结合有机肥和微生物肥料后，肥料的有效期可以延长数周甚至两个月。这样的长期肥效意味着可以减少复合肥的使用量，从而节省成本。采用不动土技术后，许多果园已经实现了减少一半甚至更多的复合肥使用量。

第四，合理使用有机肥、绿肥、枯饼水肥，再结合科学的用肥技术可以节省大量的用肥成本，能达到相同效果，至少可以节省一半成本。这些方法不仅能减少对商业肥料的依赖，而且能通过减少人工操作（如省去埋肥劳动）进一步降低成本。可见，不动土技术是一种省工、省成本的技术，同时也是土壤生态修复和平衡用肥的技术。

除此之外，该方式还能够提高果实产量和品质，这其实也是一种降低成本的方式。当产量增加时，每千克果实的成本分摊就会降低。例如，如果一棵树一年的投入是

100元，产量为50千克，那么每千克果实的成本是2元；如果产量增加到75千克，那么每千克的成本就降低了大约1.34元。此外，品质的提升也直接影响了果实的市场价值。高品质的果实通常能卖出更好的价格，这不仅增加了总收入，也意味着每千克果实的投入成本相对降低。因此，通过提高产量和品质，果农可以在保持或增加利润的同时，降低单位成本。

第八节　应对极端天气

自2019年以来，赣州地区的赣南脐橙遭受了严重的天气灾害。2019年上半年，该地区阴雨连绵，导致光照不足，这种情况持续了半年。而下半年则出现了干旱情况，雨量稀少，同样持续了半年。到了2021年，赣州又遭遇了严重冻害，给果农带来了巨大损失。在其他地区，天气也可能变得越来越不稳定，这给农业生产带来了不小的挑战，对农作物的影响巨大。

一、极端天气因素

为了减轻极端天气对果树的影响，首先需要了解果树的承受极限。果树在面对超出其适应范围的环境条件时，如长时间的干旱或极端温度，可能会遭受严重损害甚至死亡。因此，识别并应对这些极端状态是果树管理中的重要任务。外界气候对果树的影响主要体现在以下几个方面。

1. 水

水是至关重要的因素之一，对于果园经营尤其如此。水、电、路是果园基础设施的三大要素，缺一不可。没有稳定的水源，果园的生产将面临巨大挑战，尤其是在干旱频发的山区，依赖自然降雨的风险极高。在极端天气条件下，水的影响主要体现在以下两个方面。

第一，长时间不下雨形成的干旱现象。这种情况下，土壤水分降低，会对果树的生长产生显著影响。水是运输养分的关键媒介，果树吸收营养的过程依赖于水分。如果土壤水分不足，果树的根系就无法有效吸收营养，导致果树面临营养胁迫。长期的缺水状态会使果树的营养储备逐渐耗尽，影响其正常生理活动，导致树体变衰弱。

干旱对果树的具体影响表现在多个方面。干旱会影响叶片的正常发育，缺水会导致新梢叶片生长不良，形状偏小。干旱还会影响果实膨大，营养若供应不足，果实往往偏小，对于沃柑、赣南脐橙等中晚熟品种，干旱影响尤为明显。尽管灌溉设施可以在一定程度上缓解干旱带来的影响，但在极端干旱条件下，灌溉设施并不能完全解决问题。干旱还会影响果树正常生命活动，长期缺水会导致果树的蒸腾作用受损，严重时甚至威胁到果树的生存。因此，干旱对果树最直接的影响是营养和水分供应不足，不仅影响果树的生长和果实品质，还可能危及果树的生命。

第二，水分过多形成的涝害。根系需要氧气进行正常呼吸作用，而水分过多会导致根系长时间处于缺氧状态。在缺氧条件下，根系会进行厌氧呼吸，产生如硫化氢等有毒物质，这些物质会伤害根系，甚至导致根系腐烂。

在多雨季节，土壤中的水分长时间处于饱和状态，根系呼吸作用受阻，能量供应不足，影响根系对养分的吸收和合成。例如，果树吸收的铵态氮肥需要在有氧条件下合成氨基酸，再输送到地上部分。如果土壤中氧气不足，这一合成过程会受阻，导致根系周围营养浓度过高，可能引发肥害。因此，在多雨季节，建议减少复合肥的使用，尤其是在土壤长时间泡水的情况下，应避免撒施复合肥，以减少对根系的损害。

低洼地区、平地果园以及板结地块更容易发生涝害，特别是在持续降雨的情况下。例如，在广东新会等沿海地区，雨水可能导致海水倒灌，淹没果园，使土壤长期处于泡水状态，对根系造成严重损害。因此，应及时采取适当的管理措施，以保护果树根系，减少涝害对果园的影响。

2. 温度

温度是影响果树生长的另一个关键因素，其涉及两个极端：高温和低温。一年中的温度变化遵循自然规律，从春季开始逐渐升高，直至夏季达到顶峰，然后在秋季逐渐下降，冬季降至最低点。

高温通常在夏季出现，果树对高温的耐受极限在45℃左右。当温度超过40℃时，果树的光合作用会显著减弱甚至停止，从而影响碳水化合物的产生。高温还会加速土壤水分蒸发，增加干旱风险，并可能导致果实日灼，形成太阳果。在高温条件下，光合作用和蒸腾作用都会受到抑制，果树的营养运输也会受到影响。虽然极端高温难以避免，但通过合理的营养管理和灌溉措施可以减轻其对果树的不利影响。

低温则是冬季通常遇到的问题，尤其是在容易发生冻害的地区。对于南方的常绿果树，如果气温长时间低于0℃，就可能出现冻害。极端低温，如突然的-8~-7℃或更低，会导致果树受到严重损害，叶片变红枯萎，甚至根系冻死，如赣南脐橙在2020年就遭受了严重冻害。面对这些极端温度，果农需要采取预防措施，以确保果树安全度过极端温度时期，减少损失。

3. 光照

光照是影响果树生长的重要环境因素之一，它直接关系到叶片的光合作用。光照条件包括强光、弱光和长时间的寡照。在夏季和秋季，强光尤为常见，光照强度高对光合作用有显著影响。在极端强光条件下，叶片光合作用可能会受到抑制，该情况通常与高温和干旱同时出现。

另外，长时间阴雨天气会导致光照不足，寡照环境会影响叶片的光合作用，进而影响果树的营养积累。尤其在春季，过多的雨水不仅能引起涝害，增加土壤湿度，还会导致光照不足，同时影响地上部分的光合作用和地下部分的营养吸收，限制树木生长。由于营养供应不足，果树的开花和坐果也会受到影响。

连续的阴雨天气以及过多的水分对果树生长构成了严重的威胁。果树无法移动以适应环境变化，它们只能在固定的位置承受各种气候条件。为了帮助果树应对这些挑战，需要主动创造适宜的生长条件。

二、不动土技术应对措施

如何站在不动土技术体系的角度去解决这些极端情况带来的问题？现介绍如下。

1. 品种选择

气候对果树品种的选择和分布起着决定性作用。因此，在挑选果树品种时，必须考虑该品种是否适应当地的气候条件。以赣南脐橙为例，这一品种适应了赣南地区的气候特点，而如果将其种植在偏北地区，如吉安、南昌或九江，可能不太适宜。因为北方冬季的低温对脐橙来说算是极端天气，可能导致果树遭受冻害，而对当地品种的果树而言只是正常气候。如果将果树种植在不适宜地区，其可能会面临持续的气候挑战，人们需要付出巨大的努力和成本来应对各种极端天气。因此，选择适合当地气候的品种并将其种植在适宜的区域至关重要。正确的品种选择可以减少对极端天气的应对压力，提高果园的生产效率和经济效益。

2. 土壤改良

果树要有效应对极端天气，必须具备强健的树势和良好的健康状况。树势的强弱首先取决于土壤和营养状况。因此，土壤改良是果树种植的第一步，也是至关重要的一步。在不动土技术体系中，改良土壤的一个关键指标是团粒结构的形成。团粒结构是衡量果园土壤质量的重要标志。良好的团粒结构意味着土壤中含有适宜的水分、空气、养分和微生物。团粒结构的特点在于它能够同时储存水分和空气，从而在干旱和涝害等极端天气条件下为果树提供必要的保护。在干旱条件下，团粒结构中的水分可以逐渐释放，缓解干旱对果树的影响。团粒结构就像一个微型水库，虽然单个很小，但数量众多，总体上能为土壤提供显著的水分储备。同样，在涝害条件下，团粒结构中的氧气可以供给根系呼吸，减轻因土壤水分过多导致的根系缺氧问题，从而降低根系腐烂的风险。此外，团粒结构还能储存养分，尤其是那些已经被矿化的养分，为果树根系提供及时的营养补充。因此通过改良土壤，增加团粒结构，可以有效协调水分和空气的供应，增强果树对极端天气的适应能力。这种土壤管理策略不仅有助于提高果树的抗逆性，还能促进其健康生长，为果园的长期发展和生产提供坚实的基础。

要快速形成果园土壤的团粒结构，可以采用不动土技术体系中的三个技术。首先是堆肥技术，也就是有机肥的发酵技术，能够显著提升土壤中的有机质含量。其次，种植绿肥是一种低成本且快速补充土壤有机质的方式。最后就是枯饼水肥发酵技术。结合这三项技术，可以有效地改良土壤生态，加速团粒结构的形成。综上，团粒结构的形成是果园健康基础的重要标志。对于果园管理来说，改善土壤质量，促进团粒结构的形成是至关重要的一步。

3. 保叶技术

保护果树的叶片至关重要，因为叶片是光合作用的基础。而根系则负责吸收、合成、储存和输送营养。在果树的生长过程中，地上部分和地下部分各自承担着不同的功能：地上部分通过光合作用将空气中的二氧化碳转化为碳水化合物，并通过树干、枝条输送到整个植株，包括地下根系；地下部分的根系则吸收氮、磷、钾等元素，并将其合成为氨基酸等营养物质，再向上输送，与碳水化合物结合形成蛋白质等。环割的原理是通过截断韧皮部的碳水化合物输送管道，导致光合作用产生的碳水化合物不能向下输送而截留到地上部分。

在极端天气条件下，保护健康的叶片尤为重要，因为叶片是地上部分营养的来源。为确保叶片健康，需在新梢生长期间提供充足的营养，包括氮、磷、钾以及中微量元素。例如，在果树萌芽时期，需要特别注意营养的补充，以促进叶片的健康发育。这一时期，氮肥的补充尤为重要，因为它有助于叶片的快速生长和发育。此外，钙、镁和其他微量元素的补充也不可忽视，它们对叶片的厚度、大小和光合作用能力都有显著影响。如果缺乏这些营养元素，可能导致叶片变薄、变小，从而降低光合作用效率，影响整个果树的生长和健康。

保护果树叶片需从两个方面着手：首先，要促进健康叶片的形成和保护已有的健康叶片。充足的养分供应有助于叶片的生长，使其变得碧绿、厚实，从而增强光合作用的能力。其次，一旦叶片形成，就需要采取措施保护它们免受病虫的侵害。尤其是红蜘蛛等害虫，它们会严重损害叶片，导致叶片出现白斑，进而影响光合作用。

4. 用肥模式

不动土技术体系中的用肥技术，推荐的是"无机＋有机＋微生物"的用肥模式。尤其是微生物，微生物本身不是肥，但是它在土壤里面扮演着营养的分解者，像有机肥、难溶矿质元素，都可以通过微生物去分解，使根系容易吸收。微生物还在果树营养中扮演着"助消化"的作用，也就是说，根系最初不能直接吸收营养成分，需依赖微生物将其分解后再吸收。因此，土壤中微生物数量多时，展现出果树不容易出现断肥现象，这是微生物的主要作用之一。

　　无机肥是速效肥，而有机肥属于缓效肥，所以"无机＋有机＋微生物"用肥技术就是速效肥和缓效肥，加上微生物的长效肥三者相结合。营养会源源不断供应给果树，使其营养供应充足，生长出来的叶片会非常宽大、厚实、翠绿，果实也会发育得比较好。这种用肥技术可以让果树生长更健康，并且能将土壤生态维持在一个非常好的状态。果树整体健康以后，对极端天气就有了很好的抗逆性。

第九节　学员问题解答

一、堆肥相关问题

学员：堆肥好氧发酵，如何保障透气？

　　堆肥是果园土壤管理中的重要环节之一，好氧堆肥发酵模式因其速度快而被广泛采用。在果园中，堆肥通常以条垛的形式建立，这种模式有利于物料与氧气的充分接触，从而促进好氧微生物的活动。有些人可能会认为，用薄膜覆盖堆肥可以促进升温，实际上如果氧气供应不足，这种方法可能并不理想。堆肥的升温主要来自于微生物在生长代谢过程中产生的热量。微生物若要快速升温需要氧气，好氧微生物在氧气充足的环境中繁殖迅速，而厌氧微生物则生长缓慢。

定期翻堆是保证氧气供应的有效方法，翻堆越频繁，堆肥中的温度上升越快，这样可以确保堆肥内部的氧气充足。在设计堆肥时，通常会在原料中加入一定比例的粗颗粒物质，如谷壳或菇渣，占比为10％～20％，可增加物料的透气性，让氧气能够深入堆肥内部，从而为好氧微生物提供适宜的生长环境。避免全部使用细颗粒物料（如玉米粉），这类物料混合后容易形成密实结构，不利于氧气渗透，易导致厌氧发酵，产生不良气味。

学员：堆肥为什么要加功能菌？

堆肥过程中加菌与不加菌的主要区别在于对堆肥质量和效果的控制。添加功能菌的堆肥能够更有效地促进有机物分解，并能产生对作物生长有益的代谢物，促进作物生长。

当堆肥中不添加特定功能菌时，分解过程主要依赖于土壤中原有的土著微生物。这些微生物的种类和功能可能并不明确，因此在分解过程中可能产生一些对作物生长不利的代谢物，甚至可能包括一些有害菌。因此，在堆肥的过程中，一般会选择加入一些功能性菌，以确保堆肥产生有益于作物生长的代谢产物。

学员：堆肥物料如何搭配？

在自制有机肥的过程中，果园可以充分利用周边可获得的有机废料作为原料。常见的有机废料包括鸡粪、鸭粪、鸽子粪、蘑菇渣、木屑以及中药渣等。通过巧妙搭配，将高碳比物料（碳氮比＞25）和低碳比物料（碳氮比＜25）按比例混合，确保碳氮比在 25～30 之间。该比例调配有助于满足微生物发酵所需的营养条件，实现有机肥料的高效制作。

在选择原料时，科学结合高碳和低碳的比例是关键。这种综合搭配有助于创造出更科学、更均衡的有机肥配方，提供植物所需的养分。通过控制碳氮比，可以促进有机肥的充分发酵，使其更具营养价值，有助于果园的土壤改良和植物生长。

学员：如何安全利用畜禽粪便？

许多果园经营者在施用畜禽粪便时，常直接将其埋入土壤或撒在地表，这种做法可能会带来一些潜在风险。畜禽粪便中可能含有一些有害因素，例如重金属、残留抗生素、寄生虫卵和病原杂菌等，这些都可能对土壤造成潜在危害。因此，必须通过高温堆肥的方式来进行处理。

堆肥的最大特点是能够产生高温，可以起到以下作用：可以使重金属钝化；堆肥过程可以分解抗生素；肥虫卵块和病原杂菌能够通过高温消灭。因此，必须通过堆肥的高温处理，以确保畜禽粪便中的潜在威胁得以消除，从而获得更安全的肥料。这是一种科学且可执行的处理方式，可以确保果园土壤质量和植物的健康生长。

学员：如何判断畜禽粪便是否发酵完成？

怎么样去判断畜禽粪便已经发酵好了，或者说把一些潜在的危险因素给处理掉了，我们可以通过最简单的因素，就是高温和维持时间来判断。一般畜禽粪便如果要进行发酵，不能只是单纯的畜禽粪便，而是要搭配一些物料。比如选择碳氮比偏高一点的物料与之进行组合，这样温度上升以后，一般能够保持在 60℃ 以上的高温状态并持续 10 天，在此期间所有的有害因子比如病原菌、卵块、抗生素都会被分解，重金属实际上也会进行钝化。这样就可以初步判断肥是可以安全使用的，对于半腐熟堆肥工艺来说，也可以判断发酵已完成。

学员：腐熟发酵好有机肥的优点及判断依据？

所谓腐熟，是指在有机肥的发酵过程中，会经历升温期、高温维持期、降温期，最终达到腐熟阶段。这一过程标志着有机物料的分解和转化。发酵良好的有机肥，其碳氮比会有所下降，一般从 25～30 的范围降至 15～20，该变化可以作为初步判断有机肥是否腐熟的标准。

那么发酵腐熟好的有机肥有什么样的优点？首先，有机肥中含有的有机小分子养分易于果树根系直接吸收，为植物提供即时的营养。其次，由于有机肥在施用前已经完成了发酵过程，其在土壤中的分解时间缩短，使得果树能更快地吸收养分，从而迅速展现肥效。相比之下，未充分发酵的有机肥在土壤中还需要经过微生物的分解和发酵，这一过程较为缓慢，不利于果树及时吸收营养。因此，推荐使用完全腐熟的有机肥，这样可以减少肥料原料在土壤中的分解时间，提高肥料的利用效率。

二、水肥相关问题

学员：果树浇枯饼水肥时，如何搭配其他肥料？

对于长期进行枯饼水肥发酵的果园，在施用枯饼水肥时，是否还需要补充其他类型的肥料，这取决于果树的具体需求和生长阶段。建议采取综合施肥策略，将枯饼水肥与其他类型肥料相结合，以确保果树获得全面营养。

在果实膨大期，果树对养分的需求增加，建议使用枯饼水肥配合高氮、高钾的大量元素复合肥进行施肥。在新梢生长时期，应以高氮型复合肥为主，与枯饼水肥配合使用，以促进新梢的旺盛生长。因此，单纯使用枯饼水肥可能无法满足果树对所有养分的需求。为了达到最佳效果，枯饼水肥应与大量元素肥料如氮、磷、钾以及中微量元素复合肥配合使用，以达到更好的效果。

学员：发酵好的枯饼水肥在存放期间酸碱度会改变吗？

枯饼水肥在发酵和存放过程中的酸碱度（pH）变化是一个需要注意的问题。发酵过程中，特别是在停止增氧后，厌氧菌开始变得活跃，尤其是在发酵液的深层。由于表层主要为好氧菌，深层则是厌氧菌，这种微生物群落结构的差异会导致发酵液的 pH 发生变化，通常表现为 pH 逐渐下降。

尽管微生物在进行分解时会导致 pH 发生波动，但由于厌氧环境缺乏氧气供应，微生物代谢缓慢，这种波动是缓慢的，可以忽略不计。发酵液的 pH 在逐渐降低，是因为微生物的分解作用。

在使用枯饼水肥时，建议确保其 pH 小于 7.0。一般而言，pH 在 6.0～6.5 之间是最理想的范围，略微偏酸的 pH 在 5.5 左右也可以接受。但一定注意不要让枯饼水肥的 pH 超过 7.0。维持适当的 pH 范围有助于更好地利用枯饼水肥，保证其效果。

学员：果园如何高效利用花生枯作为底肥？

花生枯因其较高的蛋白质含量，被认为是优质的有机氮源。在果园管理中，花生枯可以通过多种方式施用，最常见的两种方法是将其制成有机肥埋入土壤，或通过发酵制成水肥。

直接将花生枯作为有机肥埋入土壤是一种简便方法，

但这种方式可能不是最有效的，花生枯的碳氮比较低，单独施用可能会导致氮素的损失，降低其利用效率。为了提高效率，建议将花生枯与碳氮比较高的物料混合使用。例如，可以与富含微生物的植物源有机肥混合后一同施入土壤，或者与发酵好的高碳氮比物料混合施用，这些方法都能提高花生枯的利用效率。

至于将花生枯作为原料发酵成有机肥再埋入土壤，如果没有专业的发酵技术和管理，不建议这样做。因为在发酵过程中，花生枯中的氮素容易以氨气的形式挥发，造成蛋白质的损失和浪费。如果缺乏适当的发酵控制，可能会导致氮素的大量损失，从而降低肥料效果。

学员：何时用枯饼水肥会影响果实着色？

在出秋梢时可以浇一次枯饼水肥，有利于秋梢萌发。立秋以后，果树尤其是赣南脐橙不建议施枯饼水肥，因为此时会影响果实的着色和果实口感，甚至会推迟老熟的时间。

7月份当果树处于果实膨大期时，施用枯饼水肥有助于果实的快速膨大，此时通常建议重施枯饼水肥，但是会设定一个时间节点，即立秋之后减少或停止施用枯饼水肥。依照赣南脐橙的用肥经验，如果施枯饼水肥较晚，则会影响果实的转色和口感，所以需要注意使用枯饼水肥的时间。

学员：花生枯、菜枯、豆粕发酵水肥时施用比例相同吗？

在枯饼水肥的发酵过程中，使用原料如花生枯、菜枯和豆粕的比例可以根据各自的营养成分进行调整。在配比时需要考虑这些原料的蛋白质含量差异以确保发酵效果。花生枯和豆粕的蛋白质含量相近，在43％左右，而菜枯蛋白质含量较低，在35％～38％之间。在发酵过程中，可以通过增加菜枯比例来弥补这一差异，例如，如果原本使用1吨菜枯，可以将其增加到1.1吨，以保持与其他原料相当的蛋白质含量。

原料中剩余的油脂含量会影响水肥发酵的过程。油脂含量较高的原料在发酵过程中产生的泡沫较少，因为油脂起到了消泡剂的作用。相反，油脂含量较低的原料在发酵过程中可能会产生更多的泡沫。油脂作为一种碳源，可以为微生物提供营养，促进其生长。因此，原料中油脂含量的高低各有利弊。

学员：枯饼水肥发酵好氧和厌氧有何区别？

枯饼水肥的好氧发酵与厌氧发酵在多个方面存在显著差异，最关键的区别在于微生物的种类以及发酵过程中对氧气的需求。好氧发酵依赖于需氧微生物，如芽孢杆菌等细菌，它们在有氧条件下进行发酵，通常在3～5天内就能完成。这种发酵方式效率高，产生的代谢产物丰富，且能够培养出大量的目标菌，因此是较推荐的发酵方法。

相比之下，厌氧发酵在无氧条件下进行，涉及的微生物多为兼性厌氧菌，例如乳酸菌和酵母菌。因为这些微生物的生长速度较慢，厌氧发酵的周期较长，可能需要30～50天，甚至更久。在厌氧条件下，发酵过程产生的代谢产物与好氧发酵不同，且培养出的菌数量较少，因此不如好氧发酵有效。

综上所述，好氧发酵因其高效、快速和能够培养大量有益菌而被优先选择，而厌氧发酵则因其速度慢和培养菌数量有限而不被推荐作为枯饼水肥的主要发酵方式。

学员：枯饼水肥池变绿是怎么回事呢？

在果园中设置的简易枯饼水肥发酵池中使用防渗膜有助于保持发酵液体不渗漏。如果发酵液出现蓝绿色变化，可能是由于雨水过多或发酵池内营养浓度过低，为藻类提供了适宜生长的环境。为了避免这种情况，需要采取适当的防水措施，确保雨水不会流入发酵池。特别是在露天环境下，除了要注意雨水流入，还要关注发酵池的蒸发情况，以维持适宜的湿度和营养浓度。

此外，对于已经稀释好的枯饼水肥，建议在一周内使用完毕。如果无法及时使用，水肥可能会因为长时间暴露在空气中而长青苔或变绿，藻类的生长不仅会影响水肥的质量，还会消耗其中的有机蛋白、氨基酸和多肽等养分，造成资源浪费。因此，建议不要将稀释好的枯饼水肥长时间保存。

学员：施用枯饼水肥多久可以看到效果？

枯饼水肥是一种高效的有机肥料，施用后能迅速为果树提供所需的营养。施用枯饼水肥后，由于其含有有机氮、有机碳以及小分子有机酸、氮、多肽和氨基酸等成分，果树的叶色在 2～3 天之内就能看到明显改善。这些速效养分能够迅速被果树吸收，使树势得到增强。枯饼水肥还有一个显著特点是其肥效持久。这种持久效果主要得益于其中的微生物成分。一旦这些有益菌进入土壤并开始活动，就能持续促进果树健康生长，有效避免因营养供应不足而导致的生长问题。

然而，微生物在土壤中发挥效益的前提是土壤中必须有足够的有机质和有机肥料。如果土壤贫瘠、沙质或板结，有机质含量低，那么微生物的作用就会受到限制。因此，为了使微生物肥料能够发挥最佳效果，必须确保土壤中有机质的含量充足，并且要与其他营养物质配合使用。

学员：水肥发酵养菌技术可大大降低用菌成本吗？

枯饼水肥发酵技术实际上是养菌技术，土壤中大部分功能菌都来自于这套技术。直接购买商业菌肥成本较高，而通过自制的枯饼水肥进行微生物扩培，可以以较低的成本获得大量的功能菌。

这类果园用菌技术成本极低，例如，如果按照市场上每千克含有 100 亿菌的菌肥价格 40～50 元计算，自制的枯饼水肥原液中每毫升含有 100 亿菌，那么 100 吨的枯饼水肥发酵液中菌的总价值可以达到数百万元。因此，通过枯饼水肥发酵技术自制微生物肥料，不仅可以节省大量成本，还能确保施用的微生物数量充足，能有效促进土壤生态系统平衡和植物健康生长。这种方法有助于提高果园的经济效益和可持续性，是一种值得推广的土壤管理技术。

三、绿肥相关问题

学员：7、8 月份，果园地面覆盖重要吗？

在夏季，尤其是南方省份的 7、8 月份，高温天气极为常见，气温经常超过 30℃，甚至可达 35℃ 或更高。这样的高温天气会导致果园土壤水分快速蒸发。因此，在果园管理过程中，地面覆盖显得至关重要。

地面覆盖的好处主要体现在保水和防控杂草方面，因为高温会导致杂草通过水分蒸腾消耗土壤中的水分。因此，在进行地面覆盖时，可以先种植绿肥，大概在 5～6 月份，绿肥自然死亡后，及时处理果园中的杂草，然后形成一层厚厚的地面覆盖，覆盖在果园裸露的土地上，以此度过 7、8 月份的高温时期。

学员：肥田萝卜分解后改土效果好吗？

肥料萝卜作为一种绿肥作物，在土壤改良中发挥着重要作用。

在肥料萝卜腐烂的过程中，土壤中的微生物利用萝卜中的有机质和矿质元素构建团粒结构，这些团粒结构使得土壤变得更加松散和透气，使土壤可以轻松挖取。

通过种植肥料萝卜，可以深入土壤 30～40 厘米，将有机质带入土壤深层，实现深层土壤改良。这种不动土的土壤改良方式，不仅能够提高土壤肥力，还能够增加土壤微生物活性，促进有益微生物的生长。

学员：利用生物力量可以替代人工施冬肥吗？

利用生物力量进行施肥是一种高效且环保的土壤管理方法，其避免了传统人工挖掘和埋肥的劳动密集型操作。在冬季施肥期间，撒施的有机肥料可以通过种植绿肥作物的方式带入土壤中。尤其像肥田萝卜这类作物，其根系能够深入土壤，将有机物质直接输送到土壤深层，实现生物动力施肥。

绿肥作物可分为氮源绿肥和碳源绿肥两大类。氮源绿肥（如苕子）具有固氮功能，能够将大气中的氮转化为植物可利用的形式，增加土壤中的氮含量。这类有机氮是一种缓释肥料，能够在较长时间内为植物提供持续的营养供应。

学员：绿肥原位发酵的意义？

绿肥原位发酵是一种经济快速提升土壤有机质含量，

通过减少土壤耕作翻动来提高土壤有机质并降低成本的技术。

　　绿肥原位发酵操作简单、方便，不需要大量人工和设备，它是把绿肥和土壤当作堆肥，当营养条件、环境条件满足时，发酵就启动了，且分解会非常快。一般原位发酵是在上半年完成，因为上半年雨水相对较多，而下半年太干旱，不利于发酵。

　　通过绿肥原位发酵和合理管理，可以显著提升土壤的质量，使其形成良性的生态循环，增强土壤对极端天气的适应能力，从而减少农业生产中由于土壤问题带来的风险。

　　学员：绿肥怎么压青？又有何作用？

　　春季，绿肥的管理是果园维护的关键步骤。2～3月，应首先对树盘内的绿肥进行处理，此时正是果树需要养分补充的时期，应清理掉树盘滴水线内的绿肥，然后进行灌溉，确保果树能够及时吸收所需水分和营养。至于树盘外的绿肥，可选择在5～6月让其自然枯萎。

　　这种绿肥处理方式旨在最大限度地减少人工干预，同时可利用绿肥在生长期间抑制杂草生长的特性，绿肥因高温或季节变化自然死亡后，会形成一层厚实的覆盖物，这层覆盖物在7～8月能够有效保持土壤的湿度和肥力，实现地面保护。

学员：种好绿肥，改良土壤可以事半功倍吗？

绿肥作物种植后，对于土壤改良来说，可以取得显著效果。观察连续种植了1～2年绿肥作物的土地就会发现，其土壤非常松散，完全可以轻松挖进从而查看作物根系。毛细根也在其中茂盛生长，形成了疏松的土壤结构。

采用绿肥模式，使得土壤中的有机质能够迅速达到要求。微生物在其中繁殖生长，形成团粒结构，从而使土壤更加疏松。因此，种植绿肥作物快速补充土壤有机质，通过有机质培养微生物，最终形成微生物团粒结构，使土壤更加生态健康，实现了事半功倍的效果。

学员：如何通过种植绿肥作物来提高土壤有机质？

要提高土壤有机质含量，可以选择施用有机肥或者种植绿肥作物，这两者是补充土壤有机质的有效途径。对于土壤有机质贫瘠的果园来说非常重要，因为土壤有机质的缺乏会影响菌的生长。

在有机肥发酵和绿肥的选择中，碳氮比是一个关键因素。在前文中强调了肥田萝卜的种植，但目前更推崇种植固氮绿肥，如苕子。之前推荐过紫云英和肥田萝卜的组合，紫云英虽然有固氮效果，但苕子有一个独特的特点，就是苕子的生长方式是匍匐生长，种植一行后可以向两边蔓延，可能两边各蔓延半米，达到直径一米宽的范围。苕子这种匍匐生长的特点使得它能够有效覆盖果带，为果园提供一层保护，起到保水保肥的作用。因此，选择合适碳氮比的绿肥，如苕子，不仅能有效改良土壤，还能为果园提供良好的保水保肥效果。

学员：如何低成本提高果园土壤有机质？

控制果园管理成本是提高果园经济效益的关键。其中，有机肥的使用是提高土壤有机质含量的主要方式，但成本较高。市场上有机肥的价格不一，每吨为600～3000元，如果每亩施用1～2吨，仅肥料成本就可能达到1000元甚至2000元，若再加上人工费用，总成本会更高。

相比之下，种植绿肥是一种更具成本效益的方法。例如，肥田萝卜、苕子等绿肥不仅成本低，而且能有效增加土壤中的有机物质。种植绿肥的成本主要包括种子和人工费用，每亩成本仅为30～40元。在生长旺盛期，绿肥的生物量相当于1.5～2吨有机肥，这意味着每亩能以极低的成本获得与施用商品有机肥相同的土壤改良效果。因此，种植绿肥是一种经济有效的策略，不仅可以显著降低果园肥料成本，还能为土壤提供持续的养分和改良效果。

学员：苕子是改良土壤、提升品质的好帮手吗？

首先要明确苕子是一种固氮植物。苕子的特殊功能就是可以将空气中的氮转换为有机氮，补充到土壤中。有机质中含有氮、磷、钾这几个养分，其中很关键的一个参数是氮。平常说的复合肥的氮属于无机氮。

对于果树来说，提高果品也好，提高树势也好，更重要的是有机氮。这种有机氮在市场上较昂贵，像花生麸、豆粕、菜麸中的氮都是相对来说较贵的。而通过苕子去固氮，将空气的氮转化成有机氮补充到土壤中，成本非常低。所以利用苕子进行改土，可以有效地增加土壤中的有机氮。

四、用肥相关问题

学员：复合肥减少用量后果实品质一定会上升吗？

合理减少复合肥用量，有助于提高果实品质。采用"无机＋有机＋微生物"的用肥模式，可以减少30％～50％的复合肥用量。这是因为化肥中氮、磷、钾等元素肥效较快，其他元素供应较慢，尤其是中微量元素吸收较慢，可能导致果树畸形生长，例如叶片畸形。使用化肥刺激后形成的叶片可能会很大，但由于中微量元素吸收较慢，营养不均衡会导致叶片寿命缩短。

植物吸收有机肥的有机营养后，促使健康的枝梢叶形成，因为其他元素也能够同步被植物吸收利用。同样，在形成果品时，需要细胞代谢反应，慢慢形成赋予果实口感和风味的物质，而代谢过程需要其他中微量元素的参与。减少化肥使用量，有利于提高果实的口感和品质，这一规律在很多情况下都是适用的。

此外，使用不动土技术可以减少化肥使用量，将化肥成本投入到有机肥和微生物方面,从而建立可持续的生态循环。随着土壤和果树健康情况的改善,病虫害问题也会减少。这种管理方式不仅能简化地上部分管理,也能减轻修剪和病虫害防治的工作负担。

学员:改善土壤团粒结构需要微生物吗?

不动土栽培技术主要是依赖微生物的作用,特别是微生物松土的效果。团粒结构是松土的典型模式。在果园采土时,如果发现土壤变得松软,实际上就是微生物松土的效果。

"以菌松土再促根,以肥养菌再养树"的理念充分展现了微生物的作用。有些果园的土壤一年翻一次,但是下雨后很快就会板结,机械或人工松土都解决不了土壤的生态问题和团粒结构的问题。只有依靠微生物松土,形成团粒结构,才能解决根本问题,这正是微生物的核心作用。

因此,不动土技术的核心理念是依靠微生物动土,而不是人工翻土。我们常强调使用的不是普通菌肥,而是富含大量微生物的微生物菌肥,这些微生物能够帮助土壤进行工作,修复土壤,释放营养。

学员:如何理解根据碳氮比调控根系生长?

碳氮比是评估肥料特性的一个重要参数,它影响着植物的生长和发育。虽然碳氮比是一个理论上的比值,但它对实际的植物营养管理和土壤健康有着重要的指导意义。

碳氮比高意味着根部会变粗，而因为氮含量偏低，地上部分可能会受到压制。植物的根系需要碳，其中大部分是通过光合作用产生的碳水化合物从叶片输送到根系。在肥料中适当添加碳，可以促进根系生长，使其不需要过多从地上部分索取。

另外，碳氮比低会促进叶片生长，但可能对根系产生影响。通过这两个理念，可以适当调整碳氮比参数，帮助植物更好地生长。

学员：果树冬季养根、储存营养很关键吗？

根系对于光合作用产生的树体营养储存率可以达到50％，所以养根的重要性非常明显，它可以增强果树抗逆性，特别是春天开花出新梢时，吸收根不是很发达，温度也不高，根系的营养吸收不是很快。这时会消耗树体营养，所以冬天养根和营养储存非常关键。

常绿果树可能不是很明显，落叶果树最明显，像苹果树对冬季养分的储存就非常明显，因为到了冬天后期树叶会掉落，这就意味着其不能进行光合作用了。所以苹果等落叶果树的营养需要在前期就快速储存，包括葡萄也是如此。采完果以后有一段营养积累储存的时间，需要施肥让果树快速地合成这种养分，储存在树干和根系里面。所以应重视冬季养根、储存营养，也就是常说的冬季营养管理。

学员：果树为何春天不动根？

春季是果树生长的关键时期，此时根系与地上部分的生长往往呈现出相互促进和协调的关系。在自然生长过程中，果树会经历生长高峰期的交替，表现为"长根不长梢、长梢不长根"的交替模式，这是果树生长的一种自然调节机制。在春季，损伤根系会对地上部分的生长产生负面影响。因为根系在受损后，需要消耗大量有机养分进行自我修复。因此，春季通常不建议翻土或施用有机肥，否则可能会切断根系，导致根系储存的营养浪费，同时树体需要调集更多地上部分营养修复受损根系，可能会影响开花、坐果和新梢生长。春季是果树开花和新梢生长的重要时期，此时根系的健康对果树的整体生长至关重要。因此，春季应避免对根系进行不必要的扰动，以确保根系能够正常地支持地上部分的生长需求。

学员：如何简单操作以满足果树对有机肥的需求？

依赖单一有机肥满足果树的营养需求可能导致较大工作量和较高成本。果农们为了提高土壤肥力，可能会在每棵树下施用大量的有机肥，这种做法虽然有效，但成本较高。

通常有两个建议，第一，果树根系能达到的范围，可施用有机肥以满足果树当年的营养需求。第二，在果树树盘以外的土壤，可依靠绿肥进行改良，比如苕子或者肥田萝卜，绿肥每亩每年的生物产量可达 1.5~2 吨，一年的生物产量所形成的肥效相当于有机肥肥效，成本仅需三四十元，甚至四五十元，即可有效改良土壤。经过一两年的改良，可以有效减少有机肥用量，同时达到很好的效果。

学员：土肥水调控的重要性？

在果树生长的关键时期，绝对不能让土壤缺水。水的重要性在于其是植物吸收养分的媒介。如果没有水，就切断了植物的养分供应。即使土壤再肥沃、养分再高，果树也无法吸收养分，根系会一直处于饥饿状态。在干旱时期，水的匮乏会导致根系无法吸收肥料，施肥再多也无法发挥效果。

土壤、肥料和水分的管理是相互关联的。因此，控制水分就等于控制肥料的吸收。特别是在果实转色和提糖等后期关键阶段，控水就等于控肥。有些果园可能采用膜覆盖的方式，但过度控水可能会切断养分的运输通道，影响果树的生长和发育。

学员：有机肥秋施和冬施哪个更好？

有机肥的施用时机应根据果树的生长周期和物候期来决定。对于未挂果的幼树，建议在秋季施用有机肥。秋季是根系生长的活跃期，此时断根后施用有机肥不仅可以促进根系的修复，还能让根系吸收一部分养分，为来年春季的生长打下基础。对于挂果的成年树，通常建议在冬季，即采果后施用有机肥。这是因为采果后果树需要恢复树势，此时施用有机肥可以补充果树因结果而消耗的养分，帮助其恢复和积累养分，为来年的生长周期做准备。

春季施用有机肥通常不被推荐，尤其在果树的生长关键期，如春梢生长和开花阶段。春季动土施用有机肥容易损伤根系，此时果树需优先将养分用于修复受损的根系，这可能会与春梢生长和开花的养分需求产生冲突，影响果树的正常生长发育和物候期的进程。

学员：有机肥到底能不能被作物直接吸收？

对于有机肥施入土壤后作物能否直接吸收这一问题，可以从两个方面来看。好的有机肥充分发酵以后，有一部分水溶性的养分，作物是可以直接吸收的。还有一部分养分没有被完全分解，属于相对较大的分子，这种情况下作物是不能直接吸收的，需要进一步分解。如果有机肥发酵良好，其中能被作物直接吸收的部分，会在作物地上部分有明显表现，即能看到肥效。如果有机肥发酵不是很好，分解得相对慢一些，那么作物体现出的效果就会弱一点。

学员：有机肥效果取决于如何选择及施用吗？

许多果农在施用有机肥后发现效果并不理想，有时甚至会引起肥害。这种情况通常由以下几个因素引起。

首先，选择合适的有机肥至关重要。关注碳氮比非常关键，碳氮比通常在 20 左右是比较安全的选择。这样的有机肥在上半年多雨时，不容易导致烧根或闷根的现象。其次，在施用有机肥时，要注意开沟和埋肥的深度。有机肥不宜埋得太深，建议在 20～30 厘米之间。有机肥埋得太深会导致氧气不足，特别是在雨季，容易发生沤根现象。太浅则容易导致果树根系出现浮根问题。最后，使用有机肥的方法也非常关键，一般施有机肥的位置在滴水线附近，此处吸收根系比较集中。果农有时会因为使用不当而使果树遭受肥害。因此，选择合适的有机肥并采用正确的使用方法是取得良好效果的关键。

五、碳氮比相关问题

学员：如何理解碳氮比？

碳氮比是一个专业术语，即碳和氮的比值。理解碳氮比，可以通过分析物料中的有机质和氮含量来实现。以花生枯为例，其碳和氮含量可以通过检测有机质和氮的参数来确定。花生枯的碳氮比在 6～7 之间，表明它是一种碳氮比较低的物料，意味着它含有相对较多的氮。有机肥堆肥碳氮比一般会调到 25～30，所以要通过物料搭配把整体的碳氮比调整到合适范围，这才是合理利用碳氮比的价值所在。

学员：土壤微生物如何分解有机物？

微生物在土壤中如何分解有机质或者有机肥，这取决于有机肥的营养比例。碳氮比合适，微生物生长较快，分解得就更快，作物也就更容易吸收。有机肥的碳氮比除了在发酵过程中起着决定性作用，在土壤中的进一步分解过程也起着至关重要的作用，实际上对土壤微生物的影响最直接。

学员：有机肥的碳氮比调至多少比较合适？

在堆肥前要把有机肥的碳氮比调到25～30，这是比较适合微生物生长的碳氮比范围。针对发酵好的有机肥，碳氮比一般在15～20，这个范围比较适合真菌类微生物如霉菌生长。到后腐熟阶段，可以将其施放到田里，这样能节省时间。

学员：自制有机肥要根据碳氮比选择原料吗？

在果园内自制有机肥通常采取堆肥方式，这种堆肥方式与有机肥厂制作肥料的工艺是有差异的。在果园中堆肥是通过物料的选择，比如选择碳氮比偏低和碳氮比偏高的两种原料去搭配，混料以后，加微生物菌剂再起堆发酵，通过这样的发酵制成有机肥，整个发酵过程称为堆肥。只有将物料的碳氮比调配好，并借助微生物发酵，才能制作出优质的有机肥。

参考文献

[1] 李季,彭生平.堆肥工程实用手册 [M].2版.北京:化学工业出版社,2011.

[2] 沈萍,陈向东.微生物学 [M].8版.北京:高等教育出版社,2016.

[3] 陈春林.脐橙园枯饼沤制浇施试验 [J].中国果树,2005 (2):38.

[4] 武雪萍,刘国顺.饼肥中的有机营养物质及其在发酵过程中的变化 [J].植物营养与肥料学报,2003 (03):303-307.

[5] 王宏航,周江明.绿肥种植与利用 [M].北京:中国农业科学技术出版社,2018.

[6] 张玉星.果树栽培学总论 [M].4版.北京:中国农业出版社,2017.

[7] 沈兆敏,刘焕东.柑橘营养与施肥 [M].北京:中国农业出版社,2013.

[8] 孙向阳.土壤学 [M].2版.北京:中国林业出版社,2021.

[9] 余水静.一种枯饼好氧发酵制备液体有机菌肥的方法:CN201910892198.1 [P].2019-12-20.

[10] 余水静.一种不动土栽培提高土壤有机质含量的方法:CN202310391869.2 [P].2024-09-1.